Experiments in General Biology : 3rd Edition

일반생물학실험

| 3판 |

Experiments in General Biology : 3rd Edition

일반생물학실험

| 3판 |

한양대학교 ERICA 첨단융합대학 바이오융합신약학부
분자의약전공 교재집필위원회 편

한양대학교 출판부

머리말

생물학은 생명현상을 이해하고 응용하는 데 근본이 되는 학문이며, 지난 수 세기 동안 엄청난 발전 속도를 보여주고 있는 학문이다. 그뿐 아니라 현대에 와서는 학문의 경계가 허물어지면서 다른 기초과학 분야의 기술을 흡수하여 더욱 놀라운 발전 속도를 보여주고 있는 것이 현실이다. 이런 빠른 속도의 발전은 하나의 교과서로 모든 지식을 통합시키는 데 매우 어려움을 제공하기도 하며, 때로는 새로운 지식획득 속도를 따르지 못하고 과거의 이론으로 남는 경우도 다수 발생하고 있다. 하지만 자세히 살펴보면 생물학의 근간이 되는 내용은 그 속에서도 불변하며, 나머지 생명과학에 뼈대가 되고 있는 것도 사실이다.

이 교재는 대학의 일반 생물학 강의에서 다루는 주제와 연관하여 필수적인 지식 중에서 실험적으로 이행이 가능한 분야를 주로 다루고 있다. 생물학 분야의 가장 기본 도구가 되는 현미경을 시작으로 최근까지 발전한 많은 기기에 대한 기본 설명을 포함하여, 동·식물세포와 미생물의 관찰, 유전학적 검사, DNA 구조 관찰 및 추출, PCR 및 실험 동물의 해부까지 폭넓은 분야를 다루고 있다. 또한 각 장의 마지막 부분에는 각 장에서 수행되는 실험의 목표, 실험에 요구되는 재료, 실험 protocol을 비롯하여 실험 중 발생할 수 있는 여러 가지 위험에 대한 주의사항 및 참고 문헌들을 첨부하여, 생물학 실험을 기존에 수행해보지 못했던 학생들이 실험 보고서를 효율적으로 작성할 수 있도록 하였다.

끝으로 이 실험서의 작성에 많은 도움을 준 한양대학교 분자생명과학과 박사과정에 재학중인 이초롱 학생과, 석사과정의 인다희 학생에게 깊은 감사를 표하며, 부족하지만 더욱 알찬 실험교재로 태어날 수 있도록 도와주신 분자의약전공 교수님들께 감사의 말씀을 전한다.

2024년 12월

첨단융합대학 분자의약전공 전공주임 교수 정동탁

차례

Part 1

Eukaryotic cells

Chapter 1

생명과학 실험의 기초

목적

1. 실험하는 동안 기본적으로 익혀야 할 실험 보고서의 작성법에 대해 숙지한다.
2. 생물학 실험에서 쓰이는 기본적인 계산법과 기타 정량법에 관해 확인한다.
3. 사용하게 될 실험 기본 기기들의 용도와 사용법에 대해 알아본다.

개요 및 원리

1. 실험 보고서 작성의 기본 요령

보고서 작성은 실험한 결과와 내용을 기록하는 중요한 과정이다. 정확하게 실험 절차와 과정을 기록해 놓는 것은, 얻어진 결과를 논리적으로 분석할 수 있는 기반이 된다. 실험 보고서는 다음과 같은 내용을 포함해 작성한다.

1) 실험 제목(Subject)

수행한 실험 제목을 적으며, 하단에 공동 실험자 명, 실험날짜를 기재.

2) 실험 목적(Purpose)

간단한 이론 및 실험하는 이유와 실험을 통해 얻고자 하는 내용을 적음.

3) 실험 재료 및 기구(Materials & Apparatus)

사용한 기기들과 시약 등 사용한 물품들에 대해 기재. 생물을 사용한 경우, 생물의 일반명, 학명 및 특징을 적음.

4) 실험 방법(Procedure)

실험 방법과 순서를 기재. 그림이나 표 등을 이용해 명료하게 도식화하여 이해하기 쉽게 정리.

5) 실험 결과(Result)

실험 결과를 기록하고 정리. 필요하다면, 그림이나 표를 이용해 정리하고 실험단위를 정확하게 기재. 단위는 SI(system international) 단위가 원칙.

6) 고찰(Discussion)

실험 결과에 대한 실험자의 과학적 설명(다른 실험자의 결과와 비교, 실험자의 생각, 실험 실패 원인 분석 등)을 적음.

7) 참고 문헌(Reference)

보고서 작성에 참고한 여러 가지 책, 논문 혹은 인터넷 사이트 등을 적음. 책의 경우 저자명, 연도, 도서명, 출판사, 인용 페이지의 순서로 기록. 논문의 경우 저자명, 연도, 논문 제목, 논문이 실린 과학 저널 이름, 권 및 호수, 인용 페이지의 순서로 기록.

2. 생물학 실험을 위한 기본 계산법

1) 용액 농도의 종류

① 퍼센트(%) 농도

- 질량에 대한 질량 퍼센트 농도(w/w): 100g의 용액 속에 일정 그램(g)의 용질이 녹아 있는 용액
- 부피에 대한 부피 퍼센트 농도(v/v): 100mL의 용액 속에 일정 밀리리터(mL)의 용질이 녹아 있는 용액
- 부피에 대한 질량 퍼센트 농도(w/v): 100mL의 용액 속에 일정 그램(g)의 용질이 녹아 있는 용액
- 질량에 대한 부피 퍼센트 농도(v/w): 100g의 용액 속에 일정 밀리리터(mL)의 용질이 녹아 있는 용액

② 몰농도(Molarity, M)

1L의 용매에 들어 있는 용질의 몰(moles). 단위는 mol/L, mol/dm^3 또는 mol/m^3.

③ 몰랄농도(Molarity, m)

1kg의 용매에 녹아 있는 용질(solute)의 몰(mols). 단위는 mol/kg. 부피를 기준으로 하는 몰농도와 달리 몰랄농도는 질량을 기준으로 하므로 온도 변화에 영향을 받지 않는다는 장점이 있다.

2) 용액의 묽힘(희석, Dilution)

사용 빈도가 높고 많은 양이 필요한 용액의 경우, 용액이 차지하는 부피를 줄이기 위해 사용할 농도보다 높은 농도의 용액을 만드는 경우가 많다. 이렇게 농축된 용액을 스톡 용액(stock solution)이라고 부른다. 스톡 용액은 보통 50X, 10X, 5X, 즉 정상 농도보다 50배, 10배, 5배 등으로 농축한 용액으로 만들어 보관하는 경우가 많다. 스톡 용액의 농축 한계는 해당 용매에서 이들 화합 물질의 용해도에 의해 결정된다. 실험실에서 시약을 스톡 용액으로 만드는 때도 있고, 구매한 시약이 스톡 용액으로 되어 있는 때도 있

다. 이러한 고농도 용액을 사용하고자 하는 적정 농도로 희석하는 방법을 숙지해 두어야 한다.

① **희석(Dilution)**

필요한 용액의 농도만큼 농축된 스톡 용액의 희석 비율을 계산하려면 다음 방정식을 이용하면 쉽게 계산할 수 있다.

$$\frac{\text{원하는 농도}}{\text{스톡 용액의 농도}} \times \text{최종 부피} = \text{스톡 용액의 부피}$$

이 식은 $M_1V_1 = M_2V_2$ 의 형태로 인식할 수 있으며, 여기에서 M은 몰농도이고 V는 부피이다.

② **계단 희석(Serial dilution)**

농축된 용액을 희석하고 나서 희석된 용액을 연달아 희석하는 것을 계단 희석(serial dilution)이라고 부른다. 계단 희석의 목표는 다양한 농도를 만드는 것이고, 이를 통해 우리는 어떤 농도가 가장 적절하게 이용될 수 있는지 결정할 수 있다. 각각의 희석농도는 다음과 같이 만들 수 있다.

$$\frac{\text{원하는 농도}}{\text{현재 용액의 농도}} \times \text{최종 부피} = \text{첨가할 부피}$$

일정하게 농도가 연속적으로 변하는 희석을 원하거나 정확하게 희석하고자 하는 양이 너무 작아 측정하기 어려운 경우, 높은 농도에서부터 계단 희석을 하는 것이 좋다. 계단 희석하면 결과적으로 얻어진 각 농도 사이의 차이가 일정하다.

1-A Serial dilution의 예시

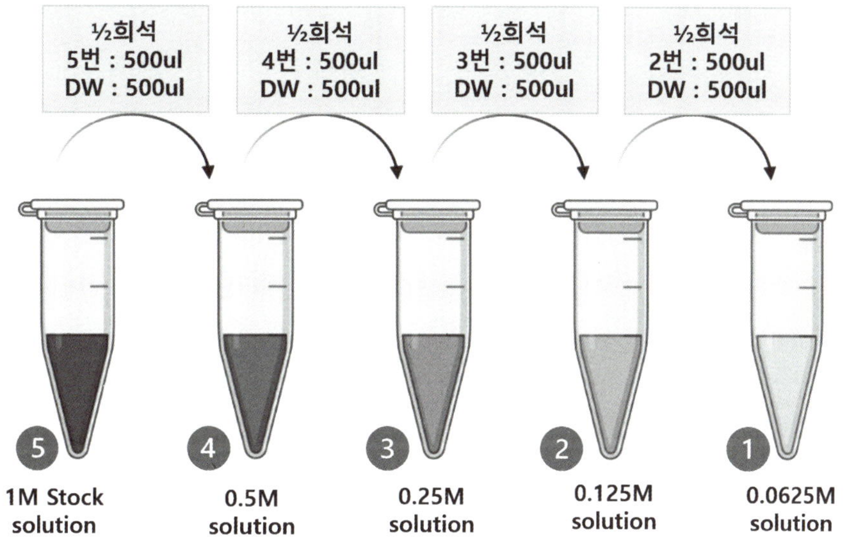

3. 생물실험 기본 기기의 용도와 사용법

1) 원심분리기(Centrifuge)

원심력을 이용하여 혼합된 액체와 고체를 분리하거나 여과하는 기계. 원심분리기의 성능은 원심분리기의 분당 가능 회전속도(revolutions per minute, RPM)와 원심효과(relative centrifugal force, RCF)로 정해진다. RCF는 중력으로 인한 표준 가속도의 배수로 측정하기 때문에 G-Force(gravity, g)라고 부르기도 한다.

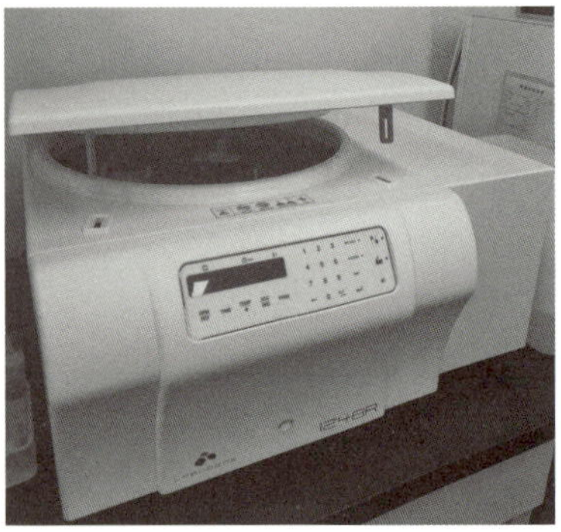

1-B 저속 원심분리기

① 저속 원심분리기(Low-speed centrifuge)

탁상용 원심분리기라고도 불림. 6,000rpm(6,000 XG) 이하의 속도. 속도와 온도의 정밀한 조절이 어려움. 주로 세포나 핵 등과 같이 쉽게 침전되는 시료의 원심분리에 사용됨.

1-C 고속 원심분리기

② 고속 원심분리기(High-speed centrifuge)

최고속도가 20,000~25,000rpm(60,000 XG)으로 냉각장치를 갖추고 있으며 진공장치가 되어 있는 것도 있음. 주로 밀도 기울기 분리에 이용할 수 있으며 주로 세포, 핵, 세포내 소기관 등의 분리에 이용됨.

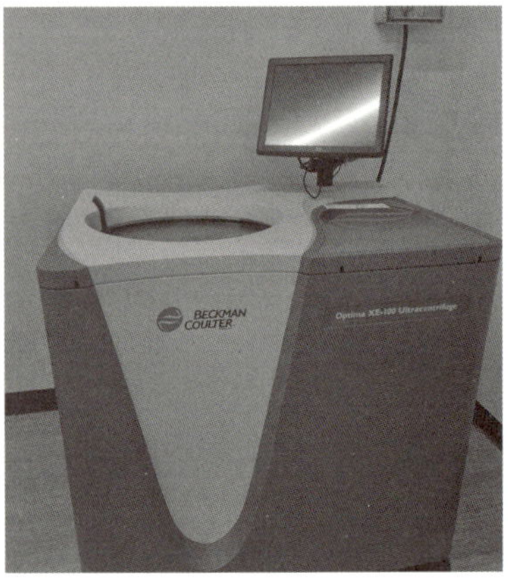

1-D 초원심 분리기

③ 초원심 분리기(Ultracentrifuge)

최대속도가 40,000~80,000rpm(600,000 XG)으로 제조용 원심분리기(preparative centrifuge)와 분석용 원심분리기(analytical centrifuge)가 있음. 주로 밀도 기울기 분리에 이용하며 냉각기와 진공장치를 갖추고 있고, 세포, 핵, 세포내소기관, 세포막 구성성분, 리보솜, 폴리좀, 거대분자 등을 분리할 수 있음.

2) 현미경(Microscope)

현미경은 광학렌즈를 이용하여 물체의 구조를 확대해 그 해상력을 증대시켜 주는 기기로, 미생물의 구조를 밝히는 데 가장 중요한 기기이다. 현미경은 사용 목적에 따라서 개발된 여러 종류의 현미경이 있으므로 구조를 이해하고 사용법을 잘 익혀야 한다. 현미경의 종류는 광학현미경, 형광현미경, 전자현미경이 있다.

① **광학현미경**(Light microscope)

얇게 박편으로 만들어진 표본에 빛을 투과시켜 관찰.

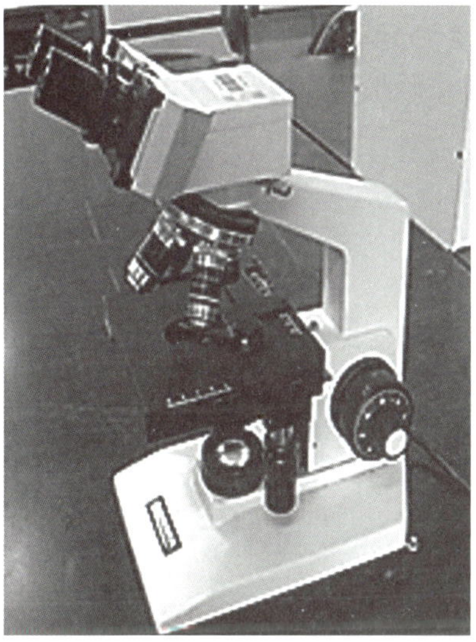

1-E 명시야 현미경

1-F 위상차 현미경

▶ **명시야 현미경**

광원에서 빛이 재물대를 균일하게 투과.

▶ **위상차 현미경**

표본의 광학적 두께의 차에 의해 생긴 명암으로 관찰.

② **형광현미경**(Fluorescence microscope)

형광염료로 염색된 세포를 관찰할 때 사용. 형광염료는 세포 안의 특정 분자에 선택적으로 결합하여 형광현미경 관찰 시 형광의 위치로서 특정 분자들의 위치를 표시.

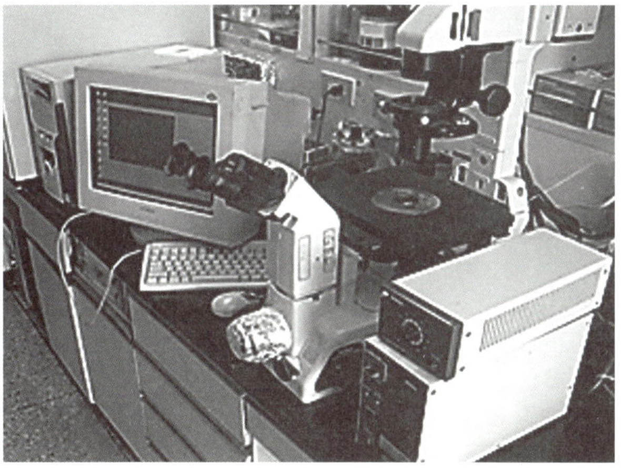

1-G 형광현미경

③ **전자현미경(Electron microscope)**

조명 대신 전자의 흐름을 이용하여 높은 해상력과 배율을 지원.

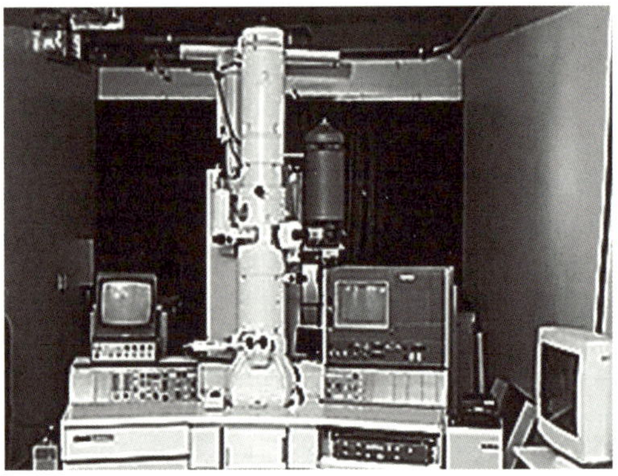

1-H 전자현미경

▶ **투과전자현미경(Transmission Electron Microscope, TEM)**

얇은 박편의 표본에 전자빔을 발사하여 투과시킴으로써 상을 형광 스크린에 형성.

▶ **주사전자현미경(Scanning Electron Microscope, SEM)**

표본을 중금속으로 얇게 막을 씌워 전자빔을 발사하면, 분산 또는 방사되는 전자의 양이 탐지기에 특정됨. 깊은 초점의 3차원 영상이 관찰됨.

▶ **현미경의 구조**

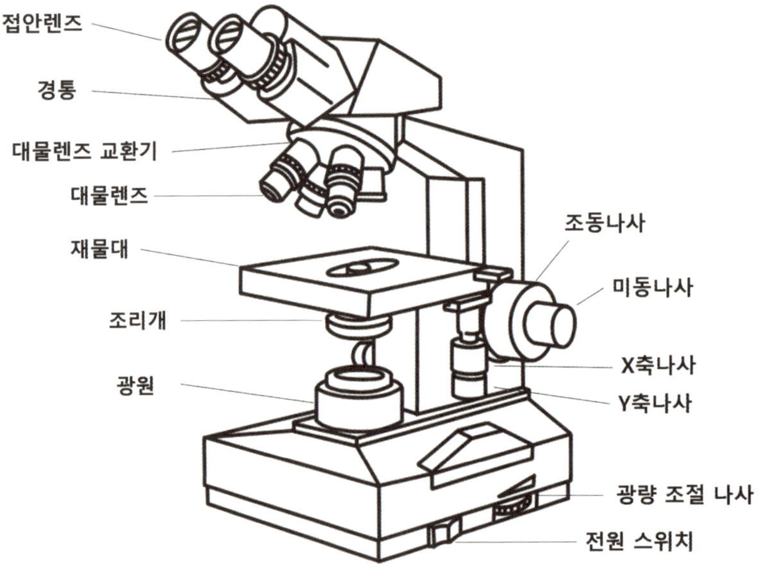

1) **접안렌즈(대안렌즈):** 저배율 렌즈(5x)와 고배율 렌즈(10x)가 각각 한 개씩 있으므로 골라서 사용. 일반적으로 항상 고배율 렌즈(10x)를 사용하며, 사용 후에는 먼지가 앉지 않도록 커버를 씌운 채로 보관한다.

2) **경통**

3) **대물렌즈:** 보통 4개의 대물렌즈로 구성되어 있으며, 대물렌즈 상단의 색 띠가 존재하여 배율을 구분할 수 있다.

표 1-A 대물렌즈의 배율

구분	배율	전체배율(대안 10x)
red line	4x	40x
yellow line	10x	100x
blue line	40x	400x
white line	100x	1000x

4) **대물렌즈 교환기 :** 대물렌즈가 회전할 수 있게 되어 있다.

5) **조동나사와 미동나사 :** 조동나사와 미동나사는 대개 큰 톱니바퀴와 작은 톱니바퀴로 구성되어 상하 이동의 폭이 다르다. 순서상으로는 먼저 조동나사를 이용하여 거리를 좁히고 다시 미동나사를 사용하여 정확한 초점을 얻는다.

6) **재물대 :** 슬라이드 글라스를 고정할 수 있는 직각의 구석 면에 슬라이드 글라스를 맞추고 클립으로 고정한다. 재물대 아래에 있는 이동 나사를 이용하여 각각 x축과 y축으로 움직여 관찰 대상을 원하는 위치로 이동시킨다.

7) **광원 :** 이전 방식과 달리 신형 현미경은 햇빛이 아닌 자체 광원을 이용하므로 옆에 있는 톱니바퀴 모양의 나사를 돌려서 광원을 켜고, 적당히 밝아질 때까지 돌려 사용한다.

3) Pipette

일정한 양의 액체를 정확하게 취하기 위해 사용하는 기구로, 종류로는 mohr pipette, volumetric transfer pipette, ostwald pipette, micro pipette, pasteur pipette, pipette aid 등 여러 가지가 있으며, 여기서는 현재 생물학 실험에서 널리 사용되고 있는 pipette에 대해 알아본다.

① Micro pipette

Micro pipette는 용량에 따라 여러 가지가 있지만, 주로 다섯 가지 종류를 사용한다. 용량의 단위는 micro liter(*μl*), lambda(λ)이다. 1,000*μl*, 200*μl*, 100*μl*, 20*μl*, 10*μl* 이 다섯 가지 용량의 micro pipette가 일반적으로 사용되며, 더 적은 용량을 위한 2.5*μl*, 2*μl*도 있다. 이외에도 여러 개의 well에 동시에 용액을 분주하기 위한 multichannel micro pipette가 있다.

Micro pipette의 구조는 두 단계로 정지하는 플런저(plunger)와 몸통(barrel), 일회용 팁을 끼우는 연장부(extension), 팁 배출기(ejector)로 구성되어 있다. 조절이 가능한 용량의 범위는 일반적으로 플런저의 맨 위에 표시되어 있다. 숫자판은 micro liter(μl) 단위로 표시되어 있고 소수점 위치는 대개 색깔이 다른 눈금으로 표시되어 있다. Micro pipette 회사마다 다르긴 하지만 일반적으로 1,000μl pipette에는 파란색 팁(blue tips), 200μl, 100μl, 그리고 20μl pipette에는 노란색 팁(yellow tips), 10μl, 2.5μl, 그리고 2μl에는 흰색 팁(white tips)이 사용된다. Pipette 용량에 따라 알맞은 팁을 사용하도록 한다.

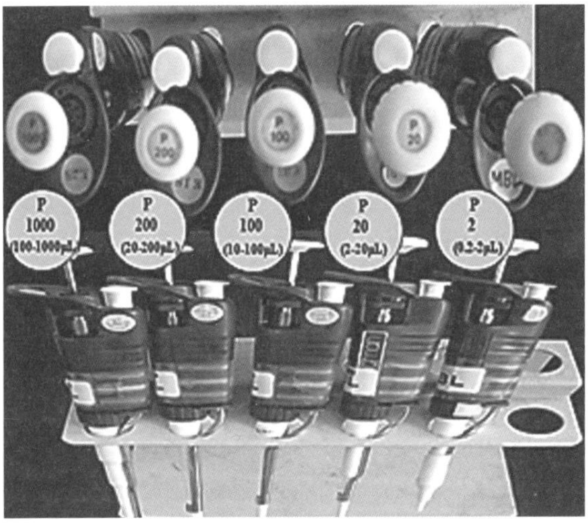

1-I Micro pipette 각각의 윗판 표기와 숫자판

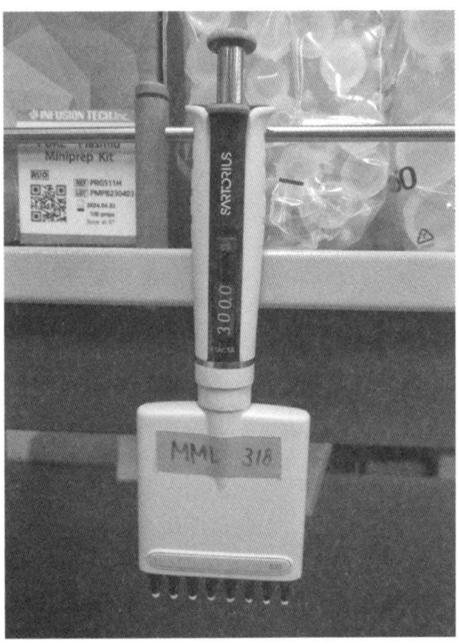

1-J Multichannel micro pipette

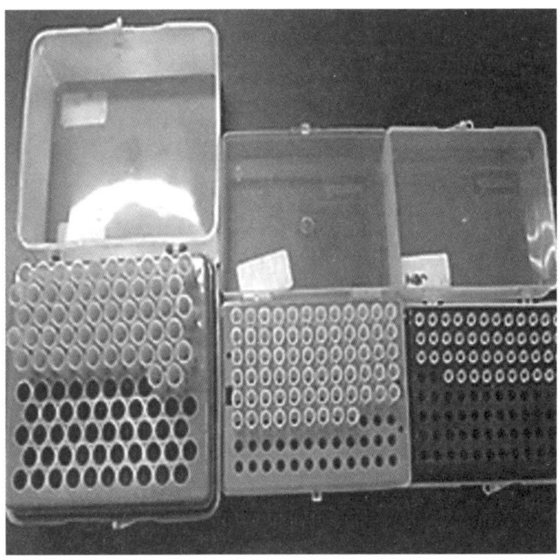

1-K 용량별 Tips

② Pipette aid

주로 1mL에서 100mL까지 비교적 많은 양의 액체를 취할 때 사용한다. 충전해서 사용하며 Flow-Out & Blow-Out 기능을 손가락 하나로 간단하게 조작할 수 있다. Micro pipette에 용량별 tips를 끼워 사용하듯, pipette aid에도 용량별 serological pipette를 끼워 사용한다. Serological pipette는 보통 50*ml*, 25*ml*, 10*ml*, 5*ml*, 2*ml*, 그리고 1*ml* 용량으로 구성되어 있다.

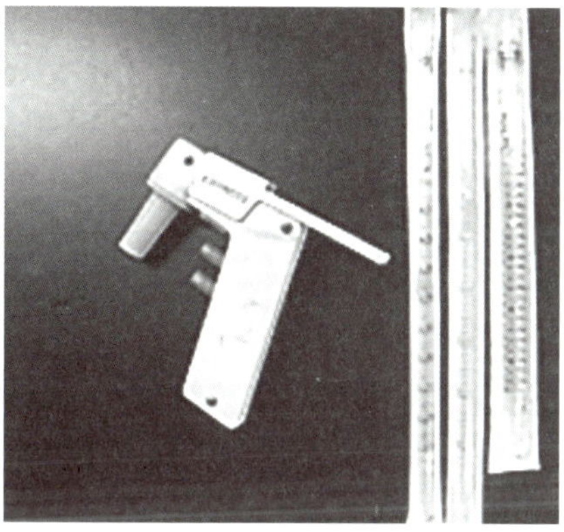

1-L Pipette aid와 Serological pipette

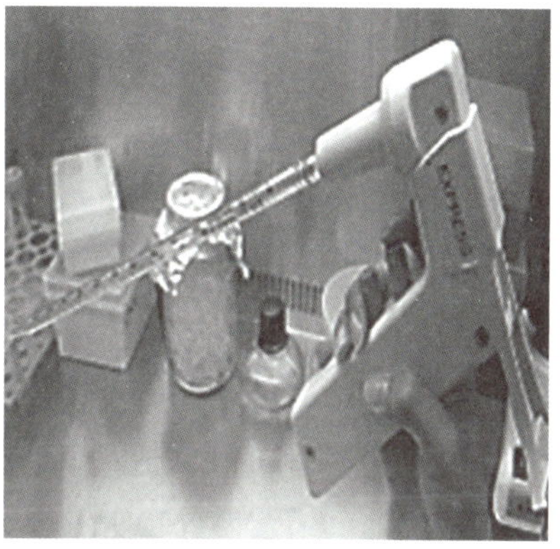

1-M Pipette aid

4) 고압 증기 멸균기(Autoclave)

미생물 실험용 각종 기구, 시약, 배지 등을 고온 고압의 증기로 멸균시키는 기구로 1.5~2기압, 121℃ 온도에서 15~20분간 멸균시켜준다. 기기 작동이 끝난 후 밸브를 풀고 나서 기압이 어느 정도 내려간 후에 뚜껑을 열어야 화상을 막을 수 있다.

1-N 고압 증기 멸균기

5) 배양기(Incubator)

미생물 또는 세포를 배양하기 위해 적절한 온도 또는 온도와 탄산가스 농도를 유지해주는 기기이다. 고체 배지에 미생물을 배양할 때는 배양기(incubator)가 사용되며, 액체 배지에 미생물을 키울 때는 진탕 배양기(shaking incubator)가 사용된다. 미생물 배양에 쓰이는 배양기와 진탕 배양기는 해당 미생물의 최적 생장온도에 따라 온도를 조절할 수 있으며 보통 37℃에서 배양한다. 세포배양에는 CO_2 incubator가 사용되며 보통 온도 37℃, 습도 100%, CO_2 농도 5%로 배양한다. O_2 농도는 보통 20%이지만, N_2로 치환하여 O_2 농도를 조절하는 것도 있다.

1-O Incubator

1-P Shaking incubator

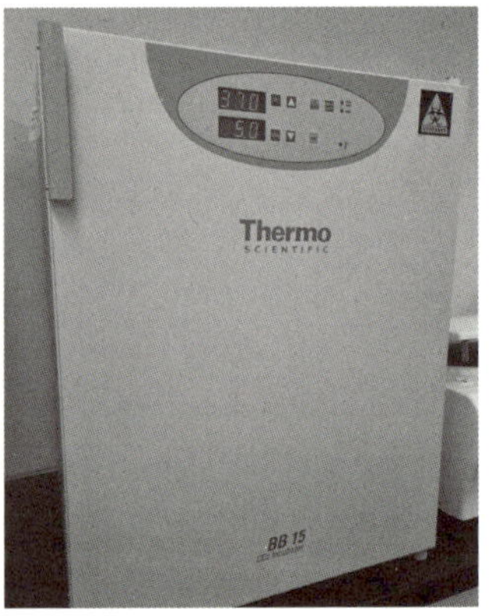

1-Q CO_2 incubator

6) PCR machine

PCR은 primer이라는 single strand DNA 조각을 이용하여, DNA (template)의 일정 부분을 증폭하는 반응을 의미한다. 이 과정은 denaturation, annealing, polymerization의 세 과정을 25~40회 반복적으로 수행하면서 원하는 부위를 증폭하는 것으로, 이를 쉽게 수행할 수 있도록 만들어진 기계이다. 1983년 Kary Mulls와 Michael Smith에 의해 PCR 기술이 개발된 이래로 conventional(traditional) PCR, real-time PCR, digital PCR 등등 다양한 분석이 가능하도록 지속적인 기기의 발전이 이뤄지고 있다. 기기와 관련된 실험 및 자세한 사용법과 기기별 차이점은 chapter 6에서 내용 확인이 가능하다.

7) 전기영동 장치(Electrophoresis)

생체 고분자인 핵산 또는 단백질을 크기에 따라 분리할 수 있는 기기로 직육면체 통 안에 양쪽 끝으로 전기가 흐르는 백금 전선이 있어 전기를 공급하면 전류가 흘러 DNA나 단백질이 크기에 따라 이동 속도에 영향을 받아 분류된다. 기기와 관련된 실험 및 자세한 사용법은 chapter 7에서 내용 확인이 가능하다.

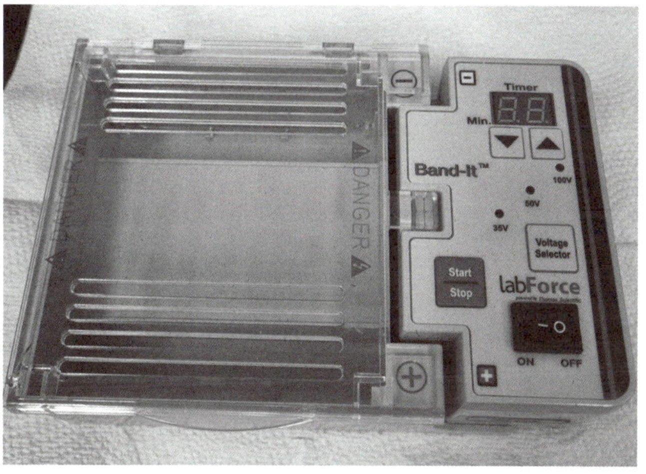

1-R 전기영동장치

8) 마이크로 플레이트 분광 광도계(Micro plate spectrophotometer)

Micro plate reader라고도 불린다. UV-Vis 사이의 넓은 범위의 파장을 측정함으로써 핵산 및 단백질 정량, ELISA와 미생물 생장 같은 다양한 실험을 분석할 수 있게 해주는 기기이다. 분광 광도계는 특정 파장의 빛을 큐벳 또는 마이크로 플레이트로 투과시키고 반대쪽에서 투과된 빛의 양을 측정하는 장비다. 얼마나 많은 빛이 들어갔고(입사광), 얼마나 많은 빛이 투과되었는지(투과광)를 알 수 있으면 측정하고자 하는 물질이 얼마나 많은 빛을 흡수했는지 계산할 수 있다. 흡수된 빛의 양은 물질의 농도에 비례하기 때문에, 특정 물질의 농도를 측정할 수 있다.

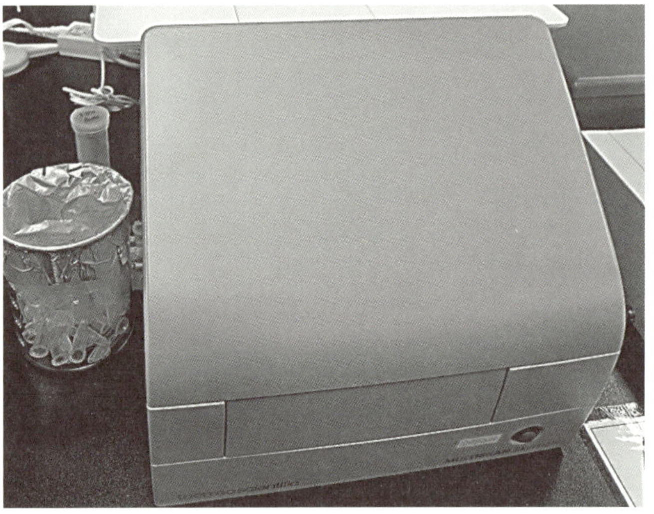

1-S 마이크로 플레이트 분광 광도계

9) 자외선 발산기(UV trans-illuminator)

전기영동 후, 아가로스 겔에 자외선(UV)을 조사하여 DNA 또는 RNA band를 확인할 때 쓰이는 기기. 최근에는 EtBr이 아닌 LED 광원으로도 band를 확인할 수 있는 dye들이 많이 시판되고 있으므로 UV보다 안전한 LED 광원의 기기도 제작되고 있다.

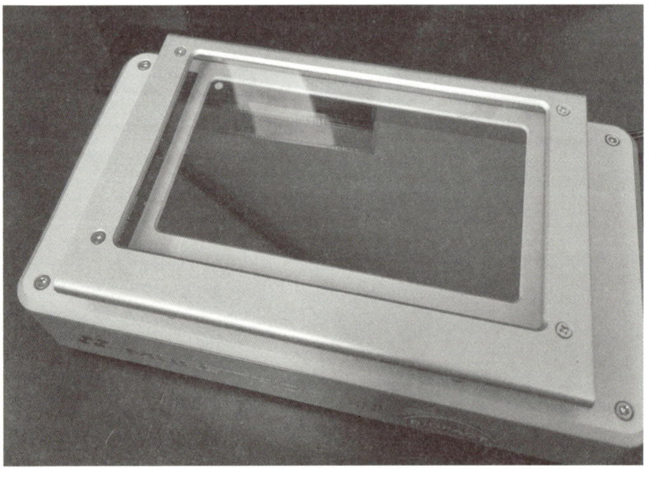

1-T 자외선 발산기

실험 목표

Micro pipette의 각 부분의 명칭에 대해 확인하고, 정확한 사용법을 숙지한다.

실험기구 및 재료

전자저울, weighing dish, micro pipette, tips, microtubes, distilled water

Simple Protocol

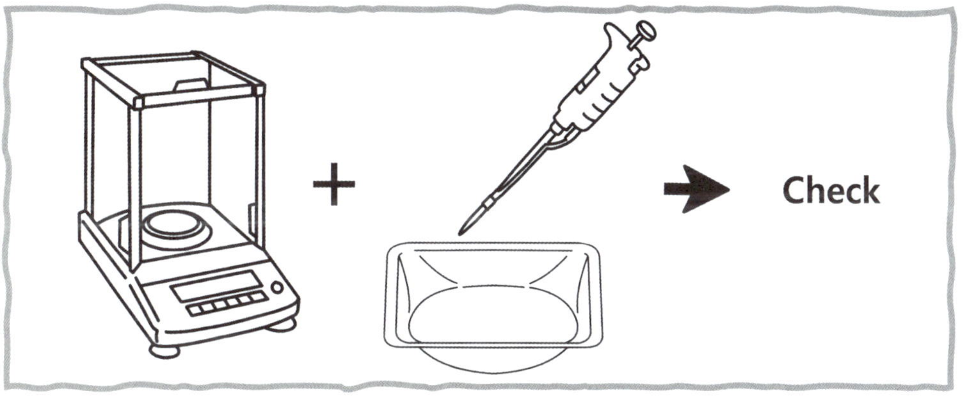

Protocol

1) 전자저울에 weighing dish를 놓고 영점을 맞춘다.
2) 전자저울을 이용해 무게를 재고자 하는 용액의 volume만큼 micro pipette의 volume wheel을 조정한다.
3) 선택한 micro pipette에 알맞은 팁을 끼운다.
4) Microtube에 담긴 distilled water를 micro pipette를 이용해 weighing dish에 옮긴다.
5) 다양한 volume의 용액을 micro pipette를 이용해 옮겨보고, 정확한 양의 용액이 옮겨졌는지 전자저울을 통해 확인한다.

실험 시 주의사항

생물실험 기본 기기를 다룰 때 사용 방법을 확실히 익히고 사용한다. Pipetting시 용액이 micro pipette 내부로 튀지 않게 조심하며, 기기가 고장 나지 않도록 주의한다.

참고자료와 서적(Reference)

1. 권혁빈 외, 생명과학 실험서, 라이프사이언스, 2011, page 4~13
2. 박철호 외, 생명공학 실험서, 강원대학교출판부, 2009, page 27
3. 안성민 외, 생물학 실험을 위한 수학, 월드 사이언스, 2005, page 63~120
4. 서한극 외, 세포배양 입문 노트, 바이오사이언스 출판, 2018, page 28
5. https : //microbenotes.com/light-microscope/ (현미경의 구조 그림)
6. Miron, Richard J., et al. "Optimization of platelet-rich fibrin." Periodontology 2000 94.1 (2024) : 79–91.

실험 보고서

1. 실험날짜 :
2. 실험 목적 :
3. 실험기구 및 재료 :
4. 실험 과정 :
5. 실험 결과 및 고찰 :

→ 생물실험 기본 기기의 용도와 사용법을 익혀라.

→ Micro pipette의 단위인 micro liter(μℓ)의 다른 표현법은 무엇인가?

→ 올바른 pipetting 방법과 잘못된 pipetting 방법은 무엇인가?

→ Forward pipetting 방법과 Reverse pipetting 방법에 대해 적으시오.

→ 각 실험기기를 다룰 때 주의사항에는 어떤 것들이 있는가?

→ 나의 의견

→ 더 공부할 것

Chapter 2

식물세포 : 근단 유사분열 관찰

목적

1. 체세포의 분열 과정인 유사분열의 전 과정을 관찰하고 염색체의 구조와 기능을 이해한다.

개요 및 원리

1. 유사분열(Mitosis)

세포분열은 어미 세포가 두 개의 딸세포로 나누어지는 과정으로 개체의 성장, 신체의 유지 및 상처의 회복에 필수적인 과정이며 또한 세포를 통해 유전적인 연속성이 유지되므로 생명체에서 벌어지는 현상 중에서 가장 중요하다. 세포분열 과정은 핵분열과 세포질 분열로 나누어지는데 핵분열을 통해 복제된 유전 정보가 두 딸세포에 균일하게 나눠지고 핵분열이 일어난 후 세포질이 두 개의 새로운 세포로 나눠는 세포질 분열을 거쳐 이루어진다. 이로써 각각의 딸세포는 완전한 유전 정보를 갖게 된다. 핵분열은 그 양상에 따라 다시 유사분열과 무사분열로 구별되는데 체세포분열과 감수분열은 모두 유사분열에 속한다. 체세포분열을 일반적으로 유사분열이라 부르는데 엄밀한 의미에서 유사분열은 핵 안에서 염색체와 방추사가 형성되면서 분열이 일어나는 과정이다. 이에 반해 무사분열은 직접분열이라고도 하며, 염색체와 방추사가 형성되지 않고 핵이 2개로 나누어지는 과정으로 자연계에서는 매우 드물게 일어난다. 세포는 유사분열에 의해 분열하기 전에 DNA가 먼저 복제되어 있으므로 유사분열 과정은 이미 복제된 거대분자의 최종 분리 과정이라고 볼 수 있다.

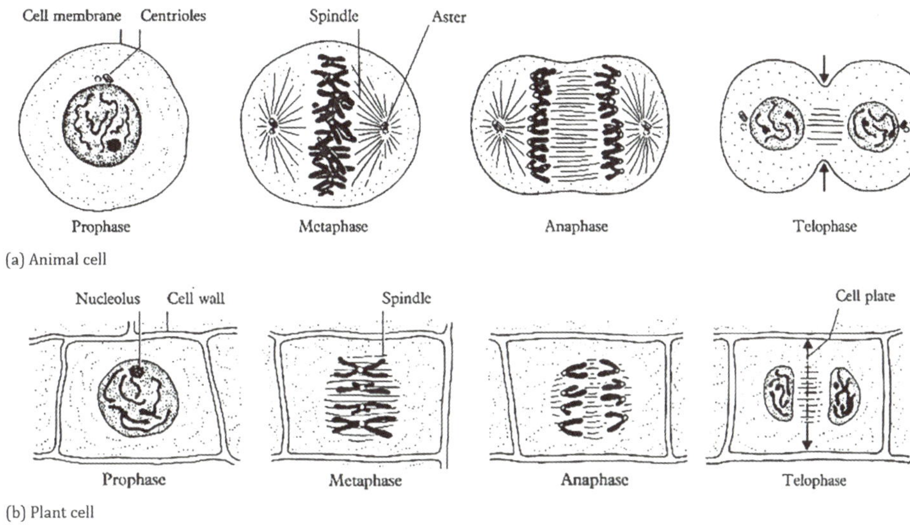

2-A 동물세포와 식물세포의 유사분열(Mitosis)

2. 세포주기(Cell cycle)

한 세포가 분열을 완전히 마치고 다시 간기 상태로 돌아오는 한 cycle을 세포주기라고 한다. 세포주기는 간기와 분열기(혹은 유사분열 시기)로 나누어지며 분열기는 다시 전기, 중기, 후기, 말기로 나누어진다.

표 2-A 세포주기와 그 특성

간기	G1	DNA 합성 준비기, 세포의 분화와 성장
	S	DNA 복제
	G2	처음 DNA 양의 2배
분열기	전기	핵분열 개시, 염색체 응축, 핵막과 인 소실, 방추사 및 성상체 출현
	중기	염색체 적도판에 배열, 방추사가 염색체에 붙음, 가장 짧은 시기
	후기	염색체 분리, 양극으로 이동
	말기	염색체가 간기 염색질로 변형, 핵막과 인 형성, 딸핵 형성, 세포질 분열

실험 목표

양파 구근을 사용해 슬라이드를 제작하고, 현미경으로 유사분열 각 시기의 세포 상태를 관찰한다.

실험기구 및 재료

현미경, slide glass, cover glass, 면도칼, 해부침, 알코올램프. 석면, 삼발이, 비커, 페트리 디쉬, 거즈, 70% 알코올, 아세트산, 에탄올, 1N HCl 용액, 아세트산 카민(또는 아세트 올세인, 메틸렌 블루), 양파 근단

Simple Protocol

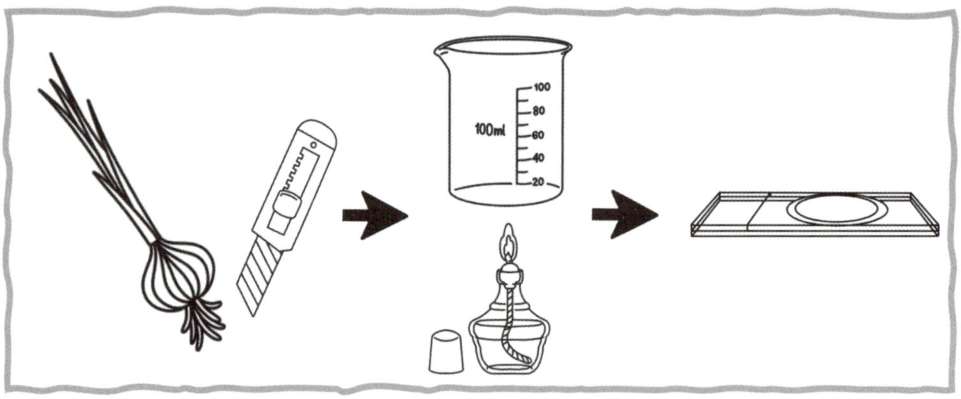

Protocol

1) 근단 채취 및 고정 : 양파의 구근을 물이 담긴 비커에서 발근 시키고 1~2cm가량 자란 뿌리의 끝을 잘라 고정액(아세트산 : 에탄올을 1 : 3 비율로 섞은 용액)에 이틀간 담가 고정한다. 그 후 70% 알코올로 씻어 70% 알코올에서 보관한다.
2) 해리 : 거즈에 양파의 뿌리를 싸고 55℃ 1N HCl 용액에 넣고 8분간 끓인 다음 페트리 디쉬로 옮긴다(해리 방법으로 3N HCl에 30분~1시간 정도 담그는 방법도 쓰인다).
3) 염색 : 뿌리를 slide glass 위에서 약 1mm만 남기고 잘라내어 아세트산 카민 용액을 한 방울 떨어뜨리고 해부침으로 뿌리를 잘게 찢는다.

4) 압착 및 관찰: cover glass를 기포가 생기지 않게 덮고 고무 달린 연필 또는 엄지손가락으로 눌러 표본을 만든 후 현미경으로 관찰한다.

실험 시 주의사항

- Cover glass를 덮을 때 기포가 생기지 않도록 아세트산 카민 용액을 충분히 떨어뜨린다.
- 세포층이 분산되어 있지 않거나 염색이 충분히 되어 있지 않으면 다시 cover glass 한쪽 가장자리에 아세트산 카민을 한 방울 떨어뜨리고 몇 분이 지난 후 압착 시켜 관찰한다.

참고자료와 서적(Reference)

1. Patt, Donald I., and Gail R. Patt. "An introduction to modern genetics." (1975). (그림 1-A)

실험 보고서

1. 실험날짜 :
2. 실험 목적 :
3. 실험기구 및 재료 :
4. 실험 과정 :
5. 실험 결과 및 고찰 :

→ 현미경을 통해 관찰한 세포 중 다음의 각 단계에 해당하는 세포들의 특징을 그려라.

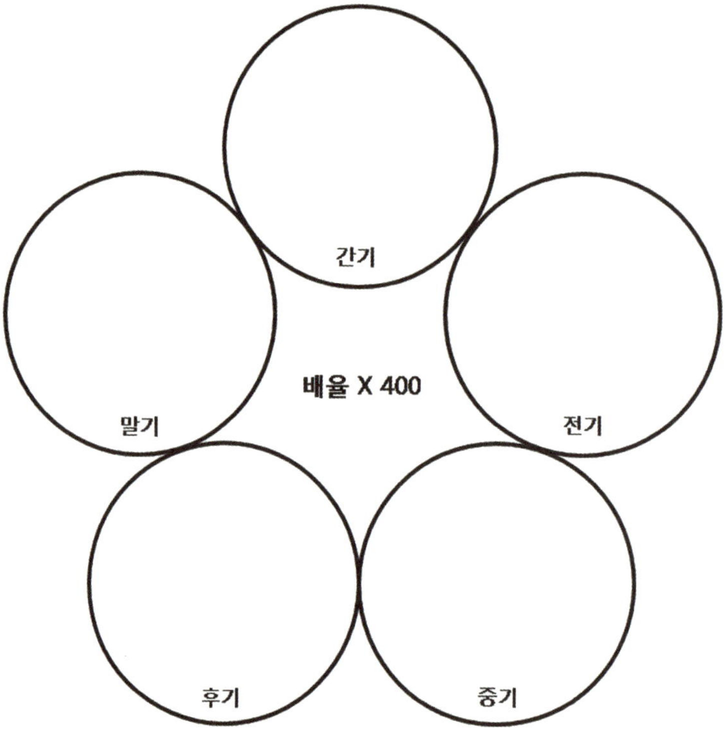

→ 세포분열의 의의는 무엇인가?

→ 세포분열이 일어나기 전과 후의 세포는 어떻게 다른가?

→ 염색체 모습이 가장 잘 보이는 시기는?

→ 유사분열 시 식물과 동물의 차이점?

→ 해리의 원리는?

→ 나의 의견

→ 더 공부할 것

Chapter 3

동물세포 : *in vitro* 세포실험의 이해

목적

1. 배양 세포를 이용한 *in vitro* 세포실험의 기초에 관해 알아본다.
2. 세포배양에 사용되는 기본적인 물품에 대해 알아본다.

개요 및 원리

in vitro 실험이란, 살아 있는 생체 내부가 아니라 페트리 디쉬같이 제어 가능한 환경에서 수행되는 실험 과정을 말한다. 조작변인 이외의 요소를 일정하게 통제할 수 있기 때문에 관찰이 용이하고, 실험을 보다 쉽게 수행할 수 있다는 장점이 있다. 실험 목적에 따라 다양한 방식의 *in vitro* 실험이 수행될 수 있으며, 간편성과 조작성, *in vivo*를 반영하는 정도 그리고 계통을 내포하는 정보성에 따라 수행하고자 하는 세포 배양법을 평가해볼 수 있다.

1. 세포주(Cell line)

배양 세포를 사용하는 실험에서, 초대배양 세포(primary cell)를 이용하는 것은 여러모로 생체 내 조직을 대표한다는 점에서 선호되지만, 배양에 까다로움과 비용적인 측면 때문에 대부분의 연구에서 불멸 화 된 세포주(cell line)가 사용되고 있다. 불멸화된 세포주(cell line)는 재현성이 좋은 결과를 얻을 수 있으며, 다양한 특성을 가진 세포를 목적에 맞게 고를 수 있고, 초대배양 세포(primary cell)에 비해 다양한 조작이 가능하며, 또한 동물이나 사람 조직을 실험할 때마다 필요로 하지 않기 때문에 윤리적인 문제가 적다는 장점이 있다. 하지만, 세포주는 생체 내 정상세포와 완전히 같은 성질을 가지지는 않기 때문에, 세포주에서 얻은 결과는 더욱 정상에 가까운 배양계나 생체조직으로 확인하는 단계가 필요할 수 있다. 배양 세포나 세포주 구매 또는 정보 확인을 할 수 있는 세포주 은행에는 국외에선 대표적으로 ATCC(American Type Culture Collection), ECACC(European Collection of Animal Cell Culture) 등이 있으며, 국내에선 한국세포주은행(Korean Cell Line Bank, KCLB)가 있다. 세포주(cell line)들은 크게 다음과 같은 특징에 따라 분류해 볼 수 있다.

1) 배양 중 자연 형질전환에 의한 세포주

설치류의 세포는 배양 중에 자연적으로 형질전환 되어 무한 증식 능력을 획득할 수 있다. 대표적으로 Balb/3T3, NIH3T3, Swiss 3T3, CHO, Rat-1, V79, BHK-21, CHL등이 대표적이다. Human 세포는 안정해서 이러한 자연 형질전환 현상은 거의 일어나지 않는다.

2) 암 유래의 세포

무한 수명을 가진 사람의 암세포를 세포주화 한 것이다. 대표적으로는 자궁 경부암 환자의 세포에서 유래된 HeLa 세포주가 있다. 암 유래의 세포주엔 크게 2가지 특성이 있는데 첫 번째로는, 무한 수명성을 가지고 있지만 특정 배양조건이 필요하다는 것이다. 암세포는 정상세포보다 배양이 쉬운 것이 많지만, 특정 배양조건에서는 생존, 증식할 수 없는 예도 있다. 두 번째로는 분화 형질의 안정성이다. 정상세포는 단층배양계로 옮기면 빠르게 분화 능력을 상실하는 반면에, 암세포는 배양계로 옮겨도 비교적 분화 능력이 안정하게 유지된다.

3) 유전자 도입에 의한 세포주화

무한 증식에 관련된 유전자를 도입해 세포주를 만든 형태를 말한다. SV40 large T

를 세포에 도입한 것에는 대표적으로 CV-1 및 Cos-1, Cos-7이 있으며, SV40 large T transgenic mouse에서 발생한 insulinoma를 배양한 MIN6는 인슐린 생산 능력을 가지고 있어서 인슐린 분비 기전이나 당뇨병 치료 모델로 사용된다. HEK293 세포는 human 태아 신장 세포를 5형 adenovirus DNA로 형질 전환한 것이다. Human 세포의 분열 수명이 텔로미어 길이의 단축에 의한다는 것과 텔로미어 길이를 유지하는 효소로 hTERT가 동정된 이래로, hTERT를 도입해 human 세포를 무한 수명 화하려는 시도 또한 이루어지고 있다.

2. 세포 배양(Cell culture)법

세포 배양법은 세포를 평면상에서 배양하는 방식부터 특정한 배양 도구를 이용하는 방식까지 다양하다. 제각각의 장단점을 가지고 있으므로 연구목적에 맞게 선택하는 것이 중요하다.

1) 단층 정치 배양

세포를 배양기 벽에 접착, 단층 상태로 배양하는 방식으로 adherent cell culture 시 사용되는 기본적인 배양법이다. 세포는 배양기 벽에 접착해서 단층으로 확장, 증식하며, 배양기 벽에 접착할 수 없는 경우는 증식하지 못하고 대부분은 사멸에 이른다. 전자를 증식의 기반 의존성(anchorage dependency), 벽에 붙지 못하면 apoptosis에 빠지는 현상을 anoikis라고 한다. 세포는 증식해서 배양기 면을 다 덮어버리는 상태(confluent)가 되면 증식을 정지한다. 이것을 접촉억제(contact inhibition) 혹은 밀도의존성 증식 억제(density dependent inhibition) 라 부른다. 세포를 유지하기 위해서는 이러한 상태에 도달하기 전에 계대(subculture) 해서 새로운 배양 용기로 옮긴다. 배양 용기는 미리 적당히 친수성을 가지도록 표면처리가 되어 있는데, 세포의 종류나 실험 목적에 따라 collagen, fibronectin, laminin, matrigel 등의 세포 외 기질을 코팅하는 것도 있다.

2) 부유배양

세포를 배지에서 부유하는 상태에서 배양하는 것이다. 림프구 유래의 세포나 특정 암세포, 또는 장기간 배양한 정상세포 중에는 벽에 붙지 못하고 부유 상태에서 증식하는 세포들이 있으며 이러한 세포들을 suspension cell이라고 부른다. 부유배양은 통상의 dish를 사용하기도 하지만, 대량의 세포를 배양하기에는 배지를 교반할 필요가 있으므로 다양한 배양기가 연구되어 있다. 같은 규모의 배양으로 단층배양에 비교해 다량의 세포를 회수할 수 있는 이점이 있다.

3) Spheroid 배양

Spheroid란, 세포가 부유해 상호 접착을 통해 형성한 둥근 덩어리를 말한다. Spheroid 상태에서는 세포 간 상호작용을 통해 더욱 친화성이 좋은 세포끼리 접착하고, 원래의 조직구조를 얼마간 반영한 구조를 만든다. Spheroid 배양은 수평면상의 회전운동을 배양기에 주어 배양하는 방식인 선회 배양을 통해 이뤄지기도 하지만, 세포 접착성이 낮은 U자형의 well을 가진 plate에서 세포를 배양하기도 한다.

4) 특정 배양 도구를 통한 배양

① Micro carrier 배양

단층배양의 한 변형이다. 작은 beads 상의 carrier 표면에 세포를 부착시켜, 그 beads를 포함한 배지를 흔들어서 부유 상태로 배양하는 것이다. 표면적이 매우 커지기 때문에 한정된 공간에서 대량의 세포배양이 가능하다.

② Gel 내 배양

Gel 상 기질 안에 세포를 심어 배양하는 방법이다. 사용되는 gel로는 collagen, 0.35~0.75%의 연한 한천, 합성 polymer 등이 있다. Collagen gel은 피부의 삼차원 배양 진피에 해당하는 물질로 사용된다. 연한 한천은 암세포가 기반 의존성 저하의 특징을 가지고 있고, 기질 접착성인 정상세포는 기반 의존성을 가지기 때문에 연한 한천 배지에서 증식할 수 없다는 특징을 이용하여 세포의 종양성을 배양 내에서 검정하는 방법으로 사용된다.

③ **3차원 지지대 배양 · Bioreactor**

고밀도이면서 입체적인 세포증식을 가능하게 하도록 지지대를 사용하는 배양법을 3차원 지지대 배양법이라고 한다. 대부분은, 고밀도인 세포의 영양 · Gas 교환을 가능하게 하기 위한 배지의 순환계통을 합쳐 Bioreactor라고 한다. 지지대로는 다양한 다공성 polymer, 강화 collagen, chitosan 또는 beads가 사용된다. 3차원 지지대 배양은 재생의학적 치료법의 하나로서 생체에 이식하거나, 체외 설치형 인공장기로 사용하거나, 사람 조직과 유사한 기능을 가진 배양계로서 약물대사 등의 assay로 사용하는 등 다양한 목적으로 사용되며 활발히 개발되고 있다.

④ **기관 배양**

몸에서 기관 일부를 잘라내어, 그대로 배양하는 방법이다. 고도의 세포 기능이나 세포 간 상호작용을 해석하는데 알맞은 방법이지만, 동시에 해석이 어렵고 조작성이 떨어진다는 문제도 있다.

3. 배양 설비, 기기, 기구, 물품

세포실험에 있어 가장 주의를 요구하는 것은 미생물(세균, 곰팡이, mycoplasma 등)에 의한 오염(contamination)을 피하는 것이다. 이를 위해 세포실험은 필터로 여과한 멸균 공기를 유입하고 살균등이 설치된 무균실(clean room)에서 작업하며, 무균조작을 위해 biosafety cabinet 내에서 모든 실험 조작이 수행된다. Culture dish, flask 등의 일회용 배양 용기와 serological pipette, micro pipette tips 등 사용하는 일회용 물품들 또한 모두 멸균된 물품들을 사용한다. 세포를 일정온도로 배양하기 위해 사용되는 CO_2 incubator 내부도 주기적으로 세척, 멸균하여 사용한다.

세포배양에 사용되는 시약에는 첫 번째로 배양 배지(culture medium)가 있다. 배지에는 세포를 배양하고 증식시키기 위한 아미노산이나 비타민, 미네랄, 포도당 등의 영양소가 포함되어 있다. 세포마다 필요로 하는 영양소의 특징이 다르므로 조성이 밝혀진 많은 종류의 배지가 연구되어 시판되고 있다. 세포를 키우기 위해서는 기본적인 배지

뿐만 아니라 증식인자를 첨가할 필요성이 있다. FBS(fetal bovine serum)이나 FCS(fetal calf serum) 등이 세포 종류에 따라 적절하게 선택되어 사용된다. 세포를 떼어내거나 세정 시 2가 양이온을 포함하지 않는(Ca^{2+}, Mg^{2+}-free) 식염으로 등장시킨 인산 완충용액 PBS(-)가 사용된다. Dish에 부착해 증식하는 세포를 계대배양 할 경우, 세포의 접착을 떼어내 주기 위해 trypsin/EDTA가 사용된다. 또한 35mm, 60mm, 90mm dish나 4well, 6well, 96well 등의 multi well plate 그리고 다양한 크기의 flask 등이 배양 용기로 사용된다.

3-A Biosafety cabinet

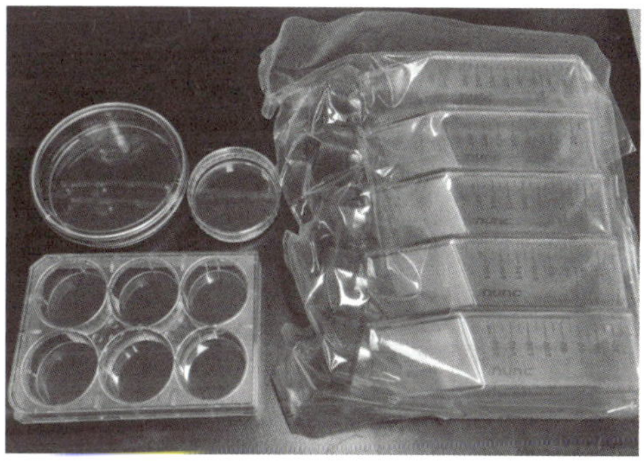

3-B 일회용 배양 용기

실험 목표

혈구 계산기(hemocytometer)를 이용해 세포 현탁액의 살아 있는 세포농도 측정을 위해 cell counting을 해 본다.

실험기구 및 재료

세포 현탁액, trypan blue, micro pipette, microtube, 혈구 계산기(hemocytometer), 현미경, 계수기(counter)

Simple Protocol

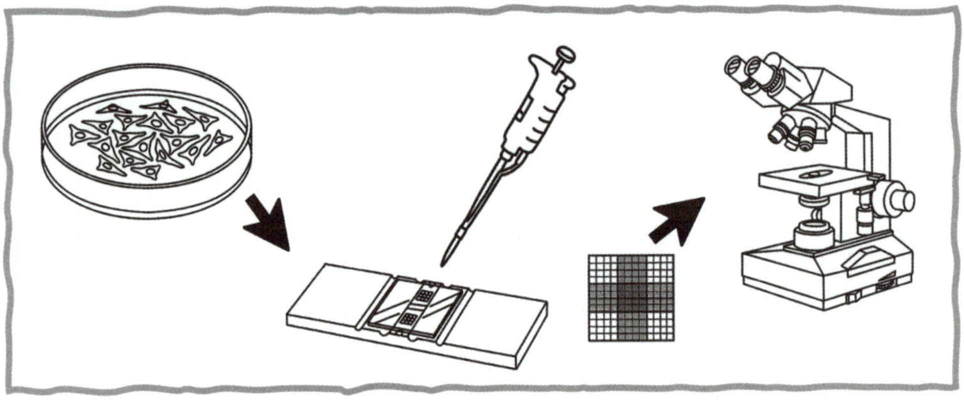

Protocol

1) 물기가 제거된 혈구 계산기 위에 혈구 계산기용 커버 슬립을 올린다.
2) 세포를 균일하게 부유시킨다.
3) 마이크로 파이펫을 이용해서 균일하게 부유된 세포 현탁액을 소량 취해 새로운 microtube에 옮긴다.
4) 3)에서 취한 세포 현탁액과 같은 볼륨의 trypan blue 용액을 취해 3)의 microtube에 넣고 짧게 파이펫팅해 섞어준다.
5) 4)에서 섞어준 용액을 적정량 취해 혈구 계산기의 챔버 끝의 경사진 면에 분주하면 모세관 현상으로

챔버가 채워진다. 양쪽 챔버를 같은 방법으로 같은 양 채워준다.

6) 현미경의 재물대 위에 혈구 계산기를 올려놓는다. 4X 대물렌즈를 이용하여 한 칸 안의 세포 수가 약 50~100개인지 확인한다. 세포 수가 적을수록 더 쉽게 셀 수 있다. 세포 수가 많은 경우 원래의 현탁액을 희석하고 희석된 시료로 1)부터 다시 시작한다. 희석배수를 기록해 둔다(1 : 4로 희석했다면, 희석배수는 4이다).

7) 혈구 계산기 내의 10개의 칸에 있는 세포 수를 센다(일반적으로 각 챔버의 중앙과 네 개의 모서리). 혈구 계산기의 경계선상에 있는 세포 수를 셀 때 혼동을 막기 위해서 칸당 두 개의 경계선은 닿으면 세는 경계선으로, 나머지 두 개의 경계선은 닿아도 세지 않는 경계선으로 지정한다. 혼동되지 않도록 항상 동일한 두 개의 경계선을 선택한다.

8) 한 칸 내의 세포 수의 평균값 ± 신뢰구간에 10^4를 곱해주고, 희석배수를 곱해주면 원래 현탁액의 ㎖당 세포 수를 얻을 수 있다.

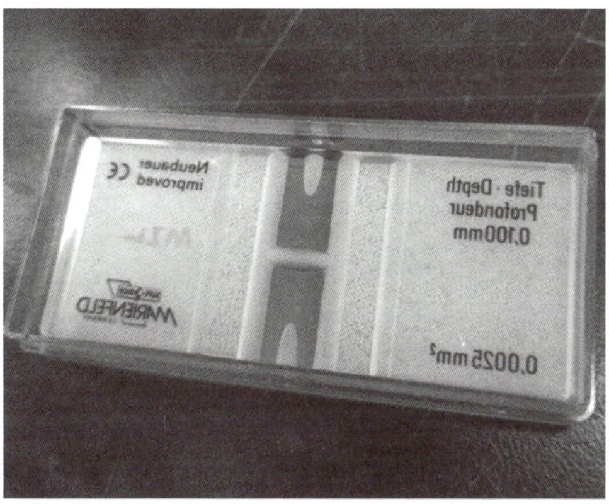

3-C 혈구 계산기(Hemocytometer)

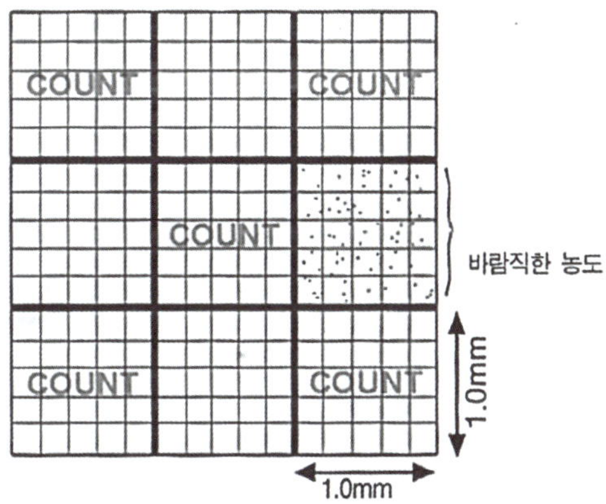

3-D 혈구 계산기의 챔버(Chamber)

실험 시 주의사항

혈구 계산기용 커버 슬립은 재사용 물품이다. 깨지기 쉬우니 다룰 때 주의한다.

참고자료와 서적(Reference)

1. 서한국 외, 배양세포실험 핸드북, 월드사이언스, 2007, page 18~72
2. 서한국 외, 세포배양 입문 노트, ㈜바이오사이언스출판, 2018, page 14~58
3. 안성민 외, 생물학 실험을 위한 수학, 월드 사이언스, 2005, page 76~88 (그림3-D)

실험 보고서

1. 실험날짜 :
2. 실험 목적 :
3. 실험기구 및 재료 :
4. 실험 과정 :
5. 실험 결과 및 고찰 :

➡ 현미경으로 관찰 시, 살아 있는 세포와 죽은 세포는 어떤 차이점이 있는가?

➡ 살아 있는 세포의 수만 셈하였을 때, 세포 현탁액에 ㎖당 살아 있는 세포의 수는?

➡ 세포의 생존율(%)을 구하라.

➡ 필요한 세포의 수가 5×10^5개일 때, 세포 현탁액으로부터 몇 ㎕의 용액을 취해야 하는가?

➡ 세포 현탁액이 있는 액체의 색깔은 무엇인가? 왜 그 색을 가졌는지 이유를 설명하라.

➡ 나의 의견

➡ 더 공부할 것

Chapter 4

멘델의 유전법칙과 유전질환

목적

1. 멘델의 유전법칙과 유전법칙을 따르는 질병인 멘델 유전질환에 대해 알아보고, 그 가능성 및 확률을 예측할 수 있다.

개요 및 원리

1. 유전법칙

1) 우열의 법칙

서로 대립하는 형질인 우성 형질과 열성 형질이 있을 때 우성 형질만이 나타난다.

2) 분리의 법칙

F1을 자가 수분하면 대립 유전자가 각각 분리되어 F1에서 나타나지 않았던 형질이 F2에서 3:1로 분리되어 나타난다.

3) 독립의 법칙

양성 잡종 이상에서 각 형질은 다른 형질과 관계없이 몇 대를 계속하더라도 우성:열성 = 3:1의 비는 독립적으로 유전된다. 대립 유전자는 서로 간섭하지 않고 독립적으로 자손에게 전달된다.

2. 하디-바인베르그 법칙(Hardy-Weinberg principle)

어떤 집단 내에서 한 세대의 유전자가 다음 세대로 전달될 때 어떠한 형태로 전해지는가에 관한 집단유전학의 기본 법칙을 설명한 법칙. 무한한 개체수로 이루어진 임의의 생물집단 내에서 무 선택적 교배가 이루어지고, 그 집단 내외로의 유전자의 이입이나 이출이 없으며, 돌연변이나 도태, 유전적 부동(genetic drift) 등이 일어나지 않는 한, 그 집단 내에서의 유전자 빈도는 세대가 거듭되어도 일정하게 유지되어 평형상태를 유지하게 된다(대립 유전자 A의 빈도가 p, a의 빈도가 q일 때, 세대를 거듭해도 p+q=1로 일정하다). 이와 같은 평형상태를 Hardy-Weinberg Equilibrium이라 한다. 이 평형상태에서 유전자 빈도를 결정할 수 있다.

3. 멘델 유전질환

단일유전자 질환은 멘델의 유전법칙에 따르는 유전성 질환을 의미한다. 멘델 유전질환이란 수많은 인간의 유전자 중 단일유전자의 이상에 의해 발생하는 유전질환을 말하는 것으로, 후대로 유전되는 양식에 따라 상염색체 열성 및 우성 유전과 성염색체(X 염색체) 열성 유전 등으로 나눌 수 있으며 신생아의 약 1%에서 이 질환이 발생한다. 이러한 질환으로는 혈우병(hemophilia A&B), 선천성 부신 증식증(Congenital Adrenal Hyperplasia, CAH), 듀시엔형 근이영양증(Duchenne's Muscular Dystrophy, DMD) 등이 있으며, 이러한 질병을 앓는 환자들은 변이 유전자를 가지고 있지만 염색체 분석 소견은 정상을 나타내므로, 염색체 분석만으로는 산전 진단이 불가능하다. 염색체 이상에 의한 질병은 46개 염색체를 분석함으로써 가능하나, 30억 개의 DNA로 이루어진 5만 개의 유전자 중 단일 변이 유전자에 의한 질환은 매우 어려운 일이다. 그러나 최근 분자유전학과 유전공학적 기법의 발달로 인하여 일부 멘델 유전질환의 산전 진단이 가능하게 되었다. 변이 유전자와 연관된 다른 유전자를 표지인자로 사용하여 변이 유전자를 분석하는 유전자 연관 분석(Genetic linkage analysis), 변이 유전자에 대한 중합 효소 연쇄 반응(Polymerase Chain Reaction, PCR) 및 제한효소 절편 길이 다형성(Restriction Fragment Length Polymorphism, RFLP) 분석 등 첨단 기법들이 진단 방법으로 활용되고 있다.

4. 듀시엔형 근이영양증(Duchenne's Muscular Dystrophy, DMD)

듀시엔형 근이영양증(Duchenne's Muscular Dystrophy, DMD)이란, X 염색체의 p21에 존재하는 dystrophin 유전자의 돌연변이에 의해 발생한다. 근육을 형성하는 dystrophin 단백질의 결핍으로 인해 근육이 점진적으로 파괴되는 선천적인 유전질환이며 희귀질환이다. 성염색체 X-연관 반성 유전(X-linked recessive) 패턴을 따르기 때문에 남성은 하나의 돌연변이만으로도 DMD가 발병한다. DMD 가 있는 대부분 남아는 어린 나이인 3세에서 5세 사이에 발병하며 운동 지연, 보행 이상을 보이며 12세 즈음에는 휠체어에 의존하게 된다. 10대 즈음엔 심근병증의 증상이 나타나게 되고 호흡 기능 장애로 인해 어린 나이에 사망에 이르게 된다.

5. 가계도

가계도는 주로 의학이나 생물학에서 환자와 환자 가족 간의 관계를 나타내기 위해 사용한다. 기본적인 구성은 전통적으로 사용해 왔던 계보(family tree)와도 비슷하다고 할 수 있지만 이것을 좀 더 자세하게 기술하고 유전적인 관계를 추가한 것이 가장 큰 특징이다. 가계도는 미국의 보웬(M. Bowen)이 1970년대에 국립정신보건(National Institute of Mental Health, NIMH)에서 일하면서 만든 가족 도표(family diagram)가 그 근원으로 알려져 있다. 현재 계통학, 유전학, 의학, 심리학, 교육 등에 폭넓게 사용되고 있다. 가계도는 가족 관계를 설명하기 위해 선으로 연결된 여러 기호를 사용한다. 선이 수평으로 이어져 있는 관계는 결혼을 가리키며, 수직으로 이어진 관계는 부모·자식 관계를 가리킨

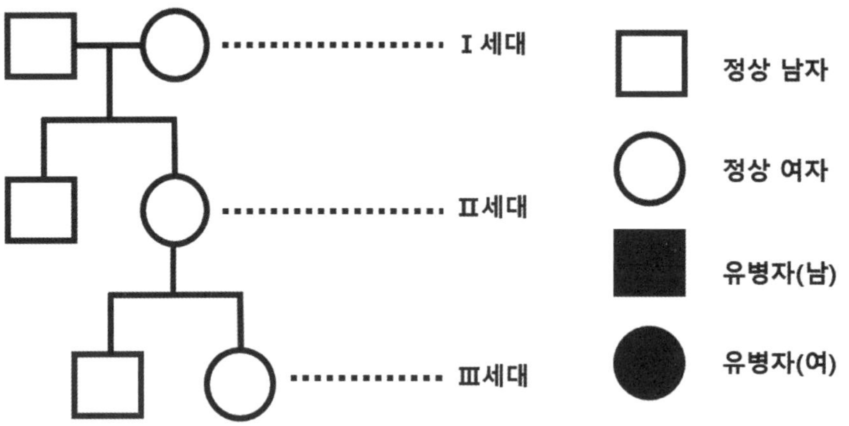

4-A 가계도 예시

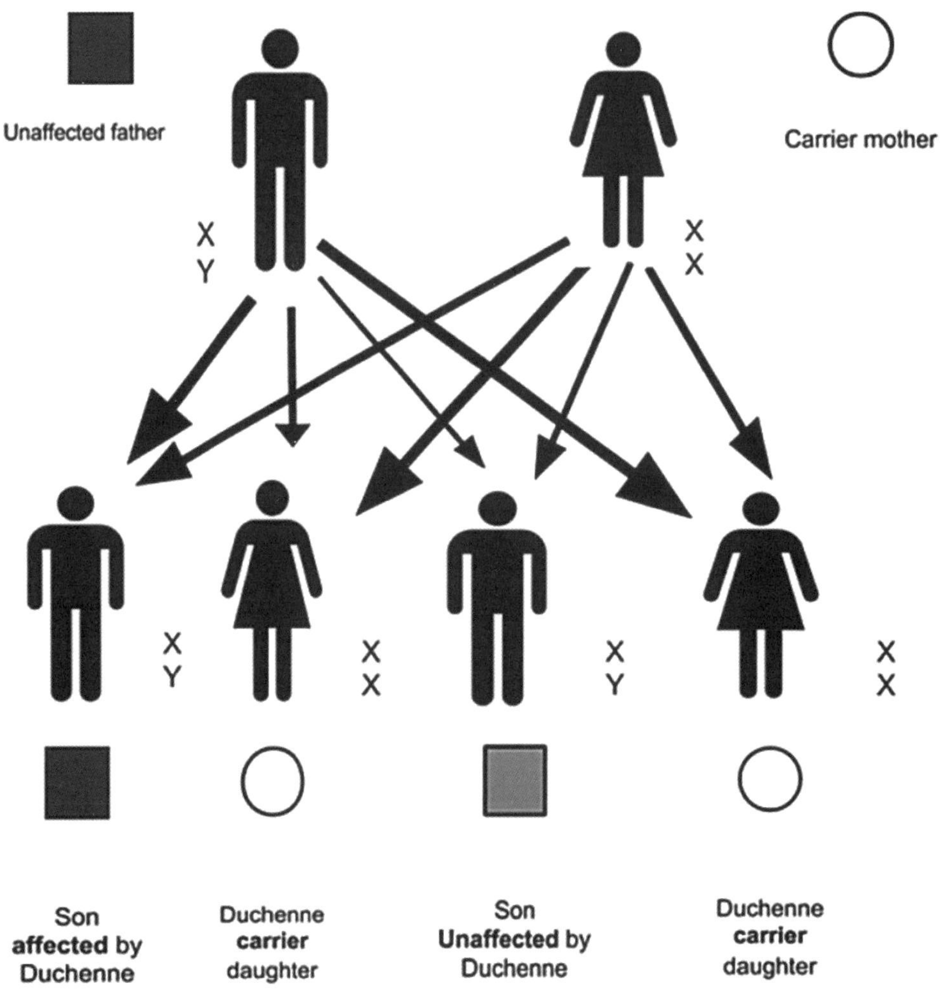

4-B Duchenne's muscular dystrophy (DMD)의 유전 패턴

다. 기호에도 많은 정보가 담겨 있는데, 가장 일반적으로 사용하는 기호는 다음과 같다. 남성(male)은 사각형, 여성(female)은 원으로 표시하고 삼각형은 임신한 여성 뱃속의 태아(pregnancy)를 가리킨다. 만일 사망한 경우(death)에는 × 표시를 하며 태아가 유산된 경우(miscarriage)에도 마찬가지다. 쌍둥이(twins)는 한 점에서 뻗은 두 개의 선으로 표시되고, 입양아(adopted child)는 파선, 수양아(foster child)는 점선으로 표시한다. 여기에는 생년월일이나 사망일이 함께 표기되며 보통 이름이 기호 아래 표시된다. 기호 안에는 그 사람의 현재 나이를 넣거나 유전병을 기호화해서 표시하기도 한다.

실험

실험 목표

듀시엔형 근이영양증(DMD) 관련 가계도 문제를 읽고 문제를 이해한다. 문제를 토대로 가계도를 작성하고 여러 가지 가능성에 대해서 생각해 본다.

실험기구 및 재료

DMD 관련 가계도 문제, 백지, 연필 또는 볼펜

Simple Protocol

Protocol

실험 시 주의사항

참고자료와 서적(Reference)

1. Emery, Alan EH, Francesco Muntoni, and Rosaline Quinlivan. Duchenne muscular dystrophy. No. 67. Oxford Monographs on Medical G, 2015.
2. https://www.actionduchenne.org/what-is-duchenne/duchenne-explained/what-is-duchenne/ (그림 4-B)

실험 보고서

1. 실험날짜 :
2. 실험 목적 :
3. 실험기구 및 재료 :
4. 실험 과정 :
5. 실험 결과 및 고찰 :

→ 듀시엔형 근이영양증(DMD) 문제에 대해서 가계도를 그리고 그 가능성을 예측하시오.

→ 나의 의견

→ 더 공부할 것

Chapter 5

동물세포에서 genomic DNA 정제

목적

1. 쥐 꼬리 조직으로부터 genomic DNA를 정제하는 방법에 대해 알아본다.

개요 및 원리

보통 세포 안에 들어 있는 DNA 전체를 가리켜 genomic DNA라고 하는데 세포가 본래 가지고 있는, 그 세포가 살아가는데 필요한 모든 유전 정보를 담고 있는 DNA를 말한다. DNA를 추출하는 방법에는 여러 가지 방법이 있고 세포조직 및 DNA 구조에 따라 추출 방법이 다르다. 본 장에서는 구강상피세포로부터 genomic DNA를 분리하는 방법과 원리에 대해 알아보고자 한다. 세포로부터 DNA를 분리하기 위해서는 먼저 DNA가 세포 밖으로 유출될 수 있도록 세포벽 및 세포막을 잘 분해해야 하며, 다음으로 세포막을 파괴할 때 유리되는 DNA를 분리하여야 하고 단백질이나 RNA의 혼입을 최소한으로 줄이면서 DNA를 분리하여야 한다. 세포벽을 가지는 박테리아의 경우에 lysozyme 효소 처리로 세포벽을 분해하고 세척제의 일종인 SDS(Sodium Dodecyl Sulfate)를 처리하여 세포막을 완전히 분해한다. 이렇게 되면 DNA가 세포 밖으로 유출되게 된다. SDS는 세포막을 분해할 뿐만 아니라 단백질을 변성시키기도 하므로 핵산 가수 분해효소들의 작용에 필요한 금속 양이온과 착염을 형성함으로써 효소의 활성을 저해시킨다. 한편, 세포 밖으로 유출된 DNA 분획은 페놀, 클로로포름, 이소아밀알코올 등 유기용매를 이용하여 기타 불순물들을 제거한 후, 에탄올 혹은 이소프로판올 등을 이용하여 침전시킨다. 함께 분리된 RNA는 RNase에 의해 가수 분해되어 제거되고 최종적으로 DNA만을 얻게 된다.

실험 목표

쥐 꼬리 조직으로부터 genomic DNA를 정제해 본다.

실험기구 및 재료

원심분리기, microtube, micro pipette, tips, 항온기, 쥐 꼬리 조직, 식염류(0.8%), lysis buffer[50mM sucrose, 50mM Tris·Cl(pH8.0), 50mM EDTA(pH8.0), 100mM NaCl, 20% SDS], TE–buffer(pH 7.8), protease K, 25:24:1 페놀/클로로포름/이소아밀알코올, 24:1 클로로포름/이소아밀알코올, 70% ethanol, DNase–free RNase A, 3M NaOAc(pH 5.2)

Simple Protocol

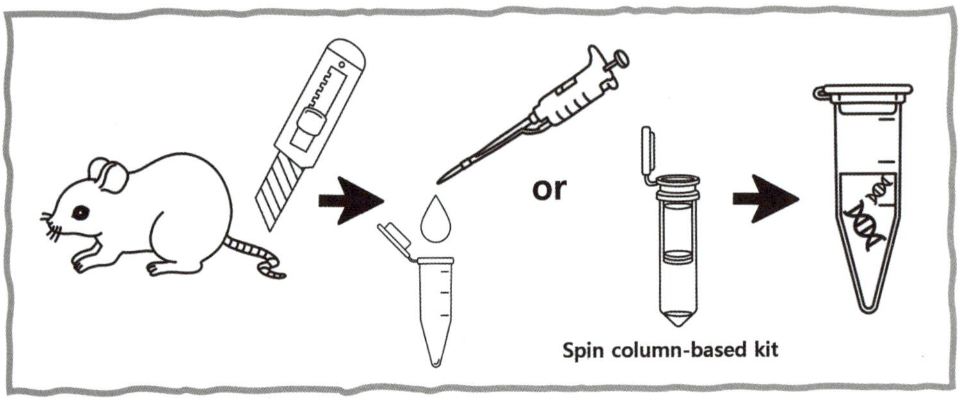

Protocol

1) 쥐 꼬리 조직 1~2mm 일부를 잘라 microtube에 준비한다.
2) Lysis buffer를 첨가한 후, 잘 섞어준다.
3) Protease K(20㎎/㎖)를 최종농도가 100㎍/㎖이 되도록 첨가한 후, 50℃에서 3시간 동안 항온처리 한다.
4) 페놀/클로로포름/이소아밀알코올(25:24:1) 용액을 동일 용량으로 첨가하여 수 회 inverting 한다.

5) 10분간 Centrifuge한 후, 상층액을 새 microtube에 옮긴다.

6) 동일 용량의 클로로포름 : 이소아밀알코올(24 : 1) 용액을 첨가한 후, 수 회 inverting한다.

7) 10분간 Centrifuge한 후, 상층액을 새 microtube에 옮긴다.

8) 1/10 용량의 3M NaOAc(pH 5.2)와 2배 용량의 ethanol을 첨가한다.

9) 여러 차례 inverting 한 다음, -70℃에 20분 정도 보관하여 DNA를 침전시킨다.

10) 10분간 centrifuge한 후 상층액은 조심스럽게 제거하고, 70% ethanol로 DNA를 두 번 washing한다.

11) 5분간 centrifuge한 후 상층액은 버리고 상온에서 air-dry 시킨다.

12) 50ul의 TE-buffer를 첨가하여 DNA를 용해시킨다.

13) 녹인 DNA solution은 -20℃에 보관한다.

참고 RNA 제거를 위해서는 단계 12) 이후 DNase-free RNase A(1㎕ of 10㎎/㎖)를 첨가하여 37°C에서 30분간 항온 처리한 다음, 8)부터 한 번 더 반복한다.

참고 Genomic DNA preparation kit를 사용하는 경우도 있다. Spin column을 이용한 kit를 사용하는 경우, 실험 시간이 단축되고 DNA 정제 정확도가 올라간다는 장점이 있다.

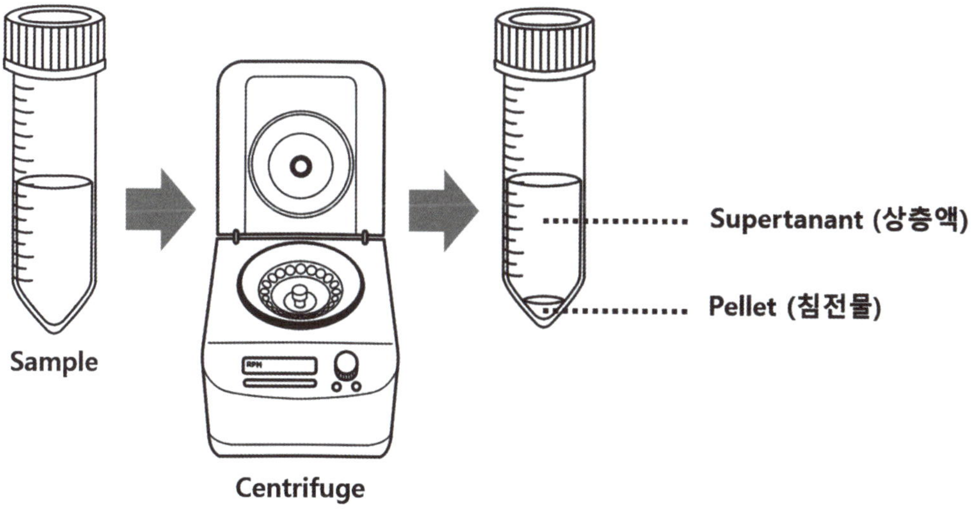

5-A 원심분리 이후의 샘플

실험 시 주의사항

- 페놀/클로로포름은 독성 물질이므로 사용 시 몸에 묻지 않도록 주의하며 반드시 장갑을 착용한다. 만약에 묻었을 경우 흐르는 물에 충분히 씻는다.
- 상층액을 딸 때는 침전물이 같이 딸려오지 않도록 주의한다.
- 에탄올 washing 후 air-dry시 가능한 pellet이 완전히 건조될 수 있도록 한다.

참고자료와 서적(Reference)

1. Green, Michael R., and Joseph Sambrook. "Molecular cloning." A Laboratory Manual 4th 448 (2012). page 2~76

실험 보고서

1. 실험날짜 :
2. 실험 목적 :
3. 실험기구 및 재료 :
4. 실험 과정 :
5. 실험 결과 및 고찰 :

→ Genomic DNA 정제 실험에 사용되는 각 buffer의 역할을 간략히 정리하라.

buffer	역할
lysis buffer	
protease K	
페놀/클로로포름/이소아밀알코올	
3M NaOAc(pH 5.2) & ethanol	
70% ethanol	
TE-buffer	
RNase A	

→ 나의 의견

→ 더 공부할 것

Chapter 6

PCR의 이해 – Genotyping

목적

1. PCR의 원리를 이해하고 PCR 기기 종류별 차이점에 관해 확인한다.
2. Genotyping의 원리에 대해 이해한다.

개요 및 원리

1. PCR(Polymerase Chain Reaction)

1983년 Kary Mullis에 의해 고안된 DNA 증폭 기술. 특정 DNA 부위를 특이적으로 반복 합성하여 시험관 내에서 원하는 DNA 분자를 증폭시키는 방법으로 짧은 시간에 적은 양의 DNA로도 많은 양의 DNA 합성이 가능하다. 이를 통하여 *in vitro* 상에서 특정 부위의 DNA를 105~108배까지 수 시간 내에 증폭시킬 수 있으며, 이렇게 증폭된 DNA를 여러 가지 실험에 이용할 수 있고, 실험 결과를 토대로 여러 의학적인 연구에 응용할 수 있다.

PCR에 필요한 요소로는 template, primer, dNTP, taq polymerase 등이다. template는 증폭 대상이 되는 DNA로서 염기서열 일부를 알고 있어야 한다. primer는 증폭할 부분을 잡는 짧은 염기서열로 template의 양쪽 끝에 있는 염기서열과 상보적인 단일 가닥의 DNA이다. dNTP는 유전자를 합성하는 재료가 되는 각 nucleotide 염기들로써

dATP, dCTP, dGTP, dTTP등이 이에 해당한다. taq polymerase는 온천에 서식하는 미생물에서 추출한 열에 특별히 강한 유전자 합성 효소이다.

PCR기기는 전통적으로 사용되어오던 conventional PCR에서부터 시작해 현재 다양한 실험, 검사, 그리고 분석에 이용되는 real-time PCR이 있으며, 계속된 기기의 발전으로 현재에는 작은 반응물을 droplet으로 쪼개어 증폭시킨 후 target DNA를 계수할 수 있는 digital droplet PCR(ddPCR) 또한 다양한 분야에서 사용되고 있다.

2. Primer

특정 유전자 서열에 대하여 상보적인 짧은 단선의 유전자 서열 즉, oligonucleotide로 PCR 진단, DNA sequencing 등에 이용할 목적으로 합성된 것이다. DNA 중합효소에 의해 상보적인 유전자 서열이 합성될 때 전체 유전자 서열 중에서 primer에서부터 합성이 시작되는 기시점이 된다. 일반적으로 20~30 base-pair의 길이로 합성하여 사용한다.

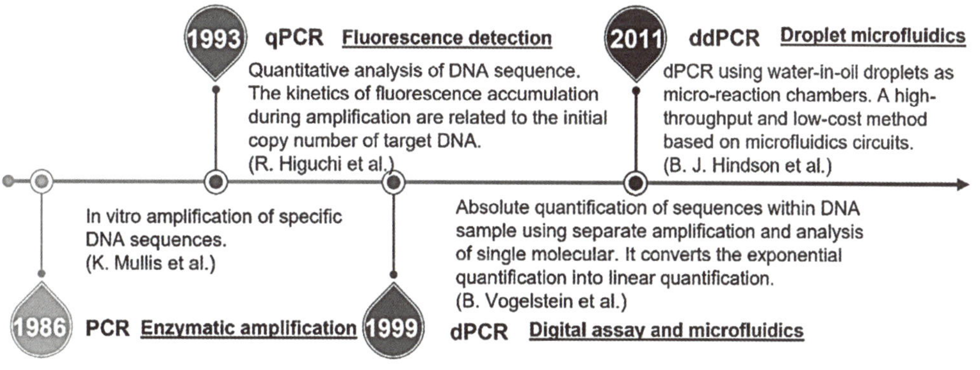

6-A PCR 기기의 발전

3. PCR 기기별 특징과 활용

1) Conventional PCR(Traditional PCR)

전통적인 방식의 PCR기기를 명칭 한다. PCR cycle 의 끝부분인 plateau 부분에서 산물의 양을 측정하는 endpoint detection 방식이다. PCR 반응이 끝난 후, 전기영동을 통해 겔에서 증폭된 밴드의 강도를 확인함으로써 산물의 양을 알 수 있기 때문에 반정량적인 결과를 얻을 수 있다. 염기서열분석(DNA sequencing), 유전형 분석(genotyping), 클로닝(cloning)에 주로 사용된다.

6-B Conventional PCR

2) Real-time PCR

Real-time PCR은 DNA와 RNA 정량화를 용이하게 하였고, 민감도, 재현성, 그리고 높은 정밀도 등의 장점을 가진 기기이다. Template로부터 DNA가 복제되는 과정 중에 끼어든 형광염료의 형광 세기를 기기가 실시간으로 측정함으로써 PCR 과정을 실시간으로 체크할 수 있다. 실험 목적에 따라 SYBR Green I dye, Minor groove DNA binder probes(MGB), Hybridization probes, 그리고 TaqMan probes 등이 사용된다. Real-time PCR 기기는 각종 병원균 검출, SNP 유전형 분석, 유전자 발현의 정량분석, micro RNA 분석, 그리고 바이러스 정량 등에 사용된다.

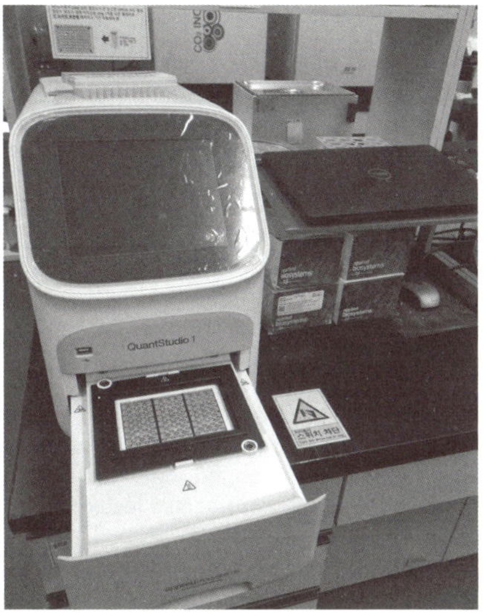

6-C Real-time PCR

3) Digital PCR(Digital droplet PCR, ddPCR)

Digital PCR의 개발로 핵산의 검출 및 정량화가 한층 더 민감성 있고 재현성 있게 가능하게 되었다. 검체를 DNA 한 개 정도가 들어가도록 다수의 칸막이로 분리하여 개별 반응으로 분할 후, 증폭 반응을 반복해 증폭이 일어난 양성 횟수를 확인하며 이로 인해 핵산의 양을 보다 신뢰할 수 있고 민감하게 측정할 수 있다. Digital PCR은 바이러스 양의 절대 정량, Next-Generation Sequencing (NGS) 분석 라이브러리의 절대 정량, 희귀 대립 유전자 검출, 그리고 유전자 발현의 절대 정량 등에 사용된다.

6-D Digital droplet PCR

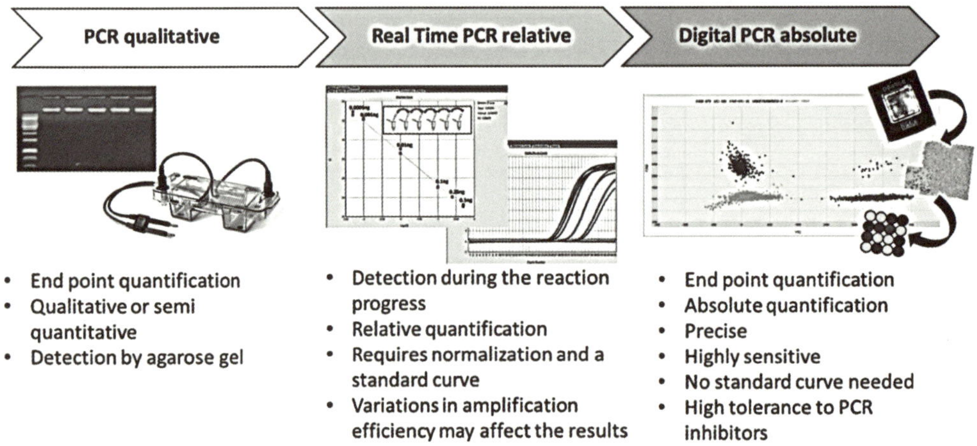

6-E PCR 기기별 특징

4. Genotyping

Genotyping은 개인 또는 집단 간의 DNA 염기서열 차이를 확인하는 실험 절차이다. 유전체 내 위치에서 genotype이라고 불리는 DNA 서열을 확인함으로써 genotype과 phenotype의 연관성을 이해할 수 있다. Genotyping을 통해 확인할 수 있는 유전적 변이의 유형에는 single nucleotide variants(SNV), single nucleotide polymorphisms(SNPs), insertions and deletions(indels), translocations, 그리고 copy number variation(CNV)가 있다.

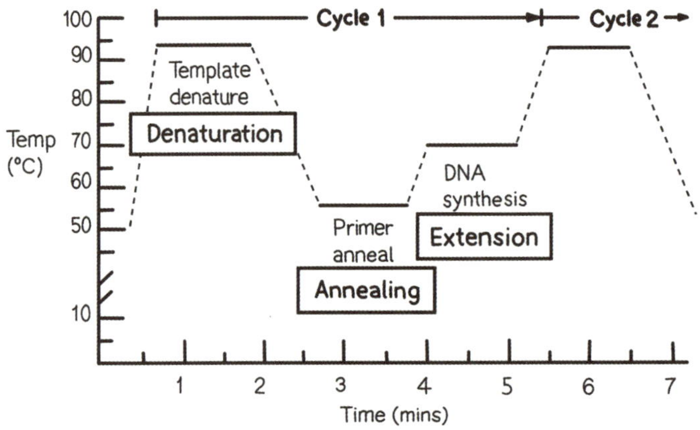

6-F PCR cycle

실험 목표

Genotyping을 통해 마우스 꼬리 조직에서 추출한 genomic DNA에 특정 genotype이 존재하는지 확인한다.

실험기구 및 재료

Genomic DNA, 확인하고자 하는 gene 서열에 상보적인 primer(forward, reverse), 2X PCR mastermix, nuclease free water, micro pipette, conventional PCR, PCR tube.

Simple Protocol

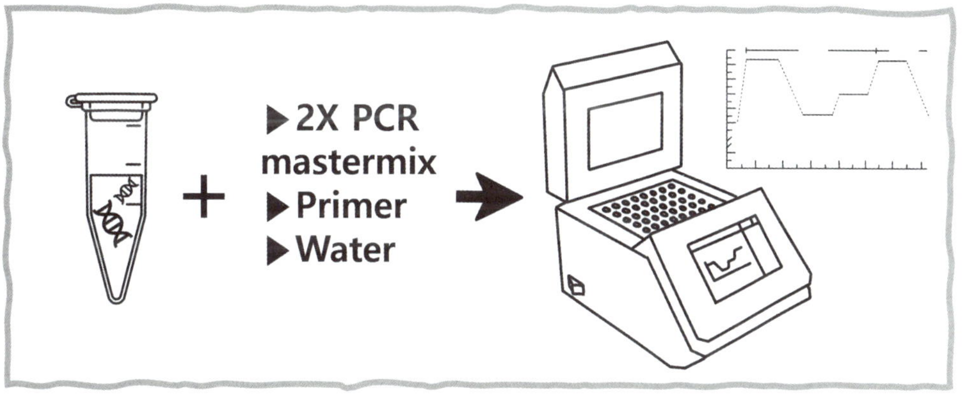

Protocol

1) Genomic DNA, primer, nuclease free water, 2X PCR mastermix를 ice에 녹인다.
2) PCR tube에 각 reagent를 알맞게 넣는다.

Reagent	Volume(㎕)
2X PCR mastermix	10
F primer(10 pmole)	1
R primer(10 pmole)	1

Reagent	Volume(μl)
Nuclease free water	7
Genomic DNA	1
	total volume 20μl

3) PCR tube를 conventional PCR machine에 넣고 작동시킨다(primer에 따라 적정 annealing 온도로 변동 가능).

94℃	10min	pre-denaturation	
94℃	1min	denature	35 cycle
58℃	1min	annealing	
72℃	1min	extension	
72℃	10min	post extension	

4) PCR이 끝나면 4℃에 보관(오래 보관할 경우 -20℃에 보관)하거나 바로 전기영동을 통해 확인한다.

실험 시 주의사항

작은 볼륨(1μl)을 마이크로파이펫으로 취할 때는 loss에 유의한다.

참고자료와 서적(Reference)

1. Hou, Ying, et al. "Droplet-based digital PCR (ddPCR) and its applications." TrAC Trends in Analytical Chemistry (2022): 116897. (그림 6-A)
2. Morcia, Caterina, et al. "Digital PCR: what relevance to plant studies?." Biology 9.12 (2020): 433. (그림 6-E)
3. Valones, Marcela Agne Alves, et al. "Principles and applications of polymerase chain reaction in medical diagnostic fields: a review." Brazilian Journal of Microbiology 40 (2009): 1-11.

실험 보고서

1. 실험날짜 :
2. 실험 목적 :
3. 실험기구 및 재료 :
4. 실험 과정 :
5. 실험 결과 및 고찰 :

→ Genotyping에 사용한 primer는 무엇을 확인하기 위한 primer인가?

→ 사용한 primer 정보를 통해 PCR product size를 예측할 수 있는가? 예상되는 product size는 몇인가?

→ Genotyping은 어떤 분야에 이용되고 있는가?

→ 2X PCR mastermix 내에는 어떤 성분이 들어가 있는가?

→ 마우스의 genomic DNA에서 새로운 gene을 확인하기 위해 PCR primer를 제작할 수 있는가?

→ 나의 의견

→ 더 공부할 것

Chapter 7

전기영동을 통한 DNA 관찰

목적

1. 전기영동법의 원리에 대해 알아본다.
2. DNA를 분리, 정제하여 확인하기 위해 보편적으로 이용하는 방법인 아가로스 겔을 이용한 전기영동법에 대해 알아본다.

개요 및 원리

1. 전기영동(Electrophoresis)

전기영동은 전기장 안에서 하전된 입자가 양극 또는 음극으로 이동하는 현상을 말한다. 이때 이동하는 속도는 입자의 전하량, 크기와 모양, 용액의 pH와 점성도, 용액에 있는 다른 전해질의 농도와 이온의 세기, 지지체의 종류 등 여러 가지 요인에 의해 결정된다. 따라서 어떤 용액에서 하전 된 알맹이의 이동 속도는 분자 지지체의 성질에 따라서 결정된다. 그러므로, 전기영동법은 아미노산, 뉴클레오타이드, 단백질들과 같은 하전 된 물질들을 분리하거나 분석하는데 매우 효과적인 수단으로 이용된다.

2. 전기영동의 종류

이동 계면 전기 이동법, 띠 전기 이동법, 불연속 젤 전기 이동법, 아가로스 젤 전기영동법 등이 있다. 이 장에서는 가장 DNA를 분리하기 위해 보편적으로 사용하는 아가로스 젤 전기영동법에 대해 알아본다. 이 방법은 간단하고 소요 시간이 짧아서 DNA 조각들의 혼합물을 분리할 수 있다. 그뿐만 아니라 젤 상에서 DNA는 ethidium bromide(EtBr)와 같은 형광성 시약으로 처리하면 염색되므로 자외선 하에서 DNA를 직접 관찰할 수 있다. 아가로스 젤을 통해 DNA의 이동 속도는 아래의 몇 가지 요인들에 의해 결정된다.

① DNA 분자의 크기
② 아가로스의 농도
③ DNA의 형태
④ 전류의 세기
⑤ 염기 조성 및 온도

표 7-A Agarose 농도에 따른 효율로 분리 가능한 DNA의 크기(kb)

Agarose의 농도(%)	DNA의 크기(kb)
0.3	5~60
0.6	1~20
0.7	0.8~10
0.9	0.5~7
1.2	0.4~6
1.5	0.2~3
2.0	0.1~2

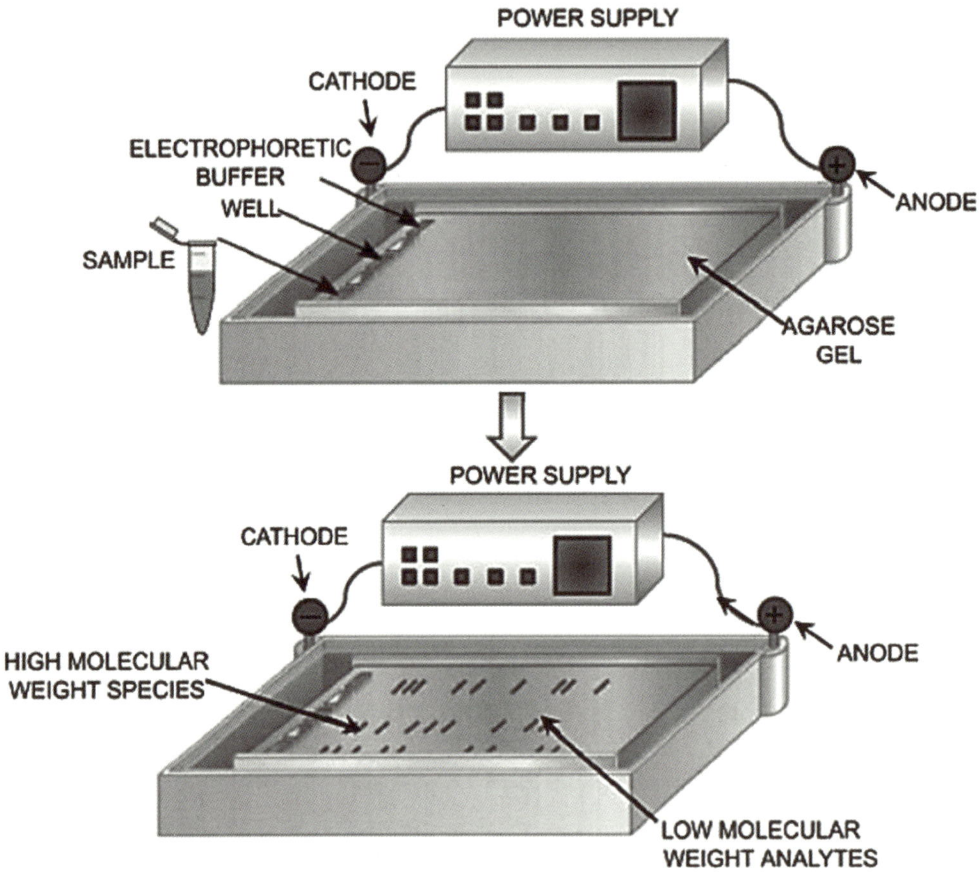

7-A 아가로스 겔 전기영동 시스템

실험

실험 목표

전기영동을 통해 genomic DNA와 genotyping PCR product를 확인한다.

실험기구 및 재료

플라스크, micro pipette, tips, microtube, UV light, plastic tray, comb, microwave, 전기영동 탱크, agarose, DNA sample, Marker(DNA ladder), 1X TAE buffer, 6X loading buffer, ethidium bromide(EtBr)

Simple Protocol

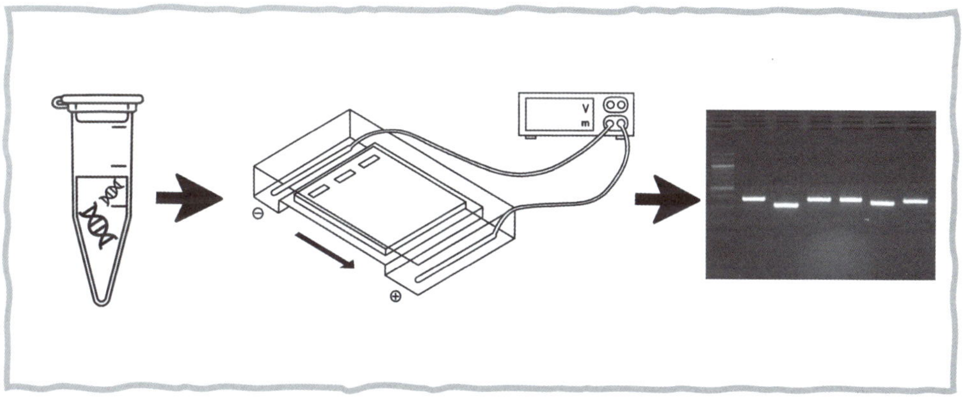

Protocol

1) 〈표 7-A〉를 보고 loading 하고자 하는 DNA의 크기에 맞는 agarose의 농도를 정한다.
2) 1X TAE buffer에 agarose를 넣어 agarose가 완전히 녹을 때까지 끓인다.
3) 용액이 대략 60℃ 정도로 식을 때까지 기다린다.
4) EtBr의 final concentration이 0.5ug/ml이 되게끔 넣어준다.
   - EtBr은 강력한 mutagen으로 매우 조심하여 다루어야 하며 solution과 EtBr은 기포가 생기지 않게 주의한다.
5) Comb를 plastic tray(젤판)의 표면보다 1~2mm 정도 높게 위치하도록 꽂는다.

6) 잘 섞은 용액을 젤 판에 붓고 gel이 완전히 굳을 때까지 기다린다.

7) Comb를 조심스럽게 제거한 후, 다 굳은 gel을 전기영동 탱크에 담는다(gel이 잔잔히 잠기어야 함).

8) DNA sample과 loading buffer를 잘 섞어 well에 천천히 조심스럽게 loading 한다.

9) Loading이 끝나면 gel이 잘 놓여 있는지 확인 후 running 한다.

10) Loading buffer가 적당히 내려가면 전기영동 탱크에서 꺼낸다.

11) Ultraviolet light를 쪼여서 DNA band를 관찰한다.

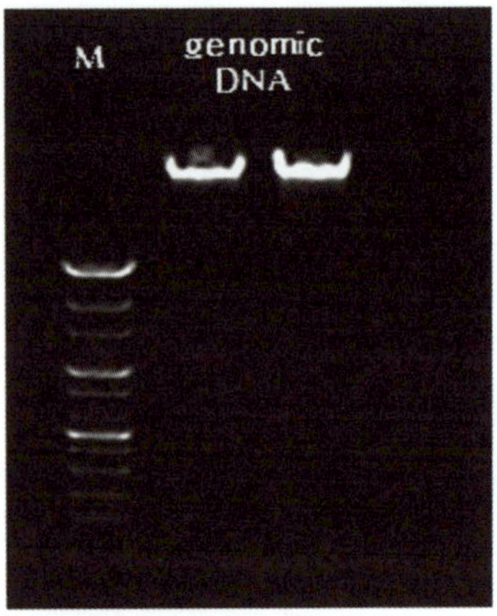

genomic DNA
electrophoresis

7-B Genomic DNA preparation 전기영동 : marker(1 lane), genomic DNA(2,3 lane)

실험 시 주의사항

EtBr은 강력한 mutagen으로 매우 조심하여 다루어야 하며 agarose gel을 만들 때는 기포가 생기지 않게 주의한다.

참고자료와 서적(Reference)

1. Ciborowski, Pawel, and Jerzy Silberring, eds. Proteomic profiling and analytical chemistry : the crossroads. Elsevier, 2016. Pages 107–133 (그림 7-A)

실험 보고서

1. 실험날짜 :
2. 실험 목적 :
3. 실험기구 및 재료 :
4. 실험 과정 :
5. 실험 결과 및 고찰 :

→ 쥐 꼬리 조직으로부터 추출한 genomic DNA와 genotyping을 진행한 PCR product의 전기영동 사진을 붙이고 해석하라.

→ 전기영동 시 EtBr의 작용에 대해 간략히 설명하라.

→ 전기영동 밴드는 뚜렷한 직선 형태의 밴드로 나왔는가? 혹시 너무 흐릿하거나 휘어진 형태의 밴드가 나왔다면 그 이유는 무엇인가?

➞ 나의 의견

➞ 더 공부할 것

Chapter 8

실험 동물에 대한 이해와 해부학적 관찰

목적

1. 연구에 사용되는 실험 동물의 종류에 대해 알아보고, 대표적인 실험 동물로 설치류가 사용되는 이유에 관해 확인한다.

개요 및 원리

1. 실험 동물(Laboratory animal)

일반적으로 동물은 축화 및 이용 목적에 따라서 가축(domestic animal), 야생동물(wild animal), 그리고 실험 동물(laboratory animal)로 나눌 수 있다. 이 중, 실험 동물은 생물의학 연구와 같은 특수한 목적을 위한 연구에서 사람을 대신해서 쓰이는 특수 동물이다. 대표적으로 포유류에는 마우스, 랫드, 햄스터 같은 설치류, 원숭이, 고양이, 개, 돼지, 토끼 등이 있으며 조류로는 닭, 메추리, 비둘기 등이 있고, 파충류나 양서류 같은 변온동물과 제브라피시 같은 어류 또한 실험 동물로 사용된다.

이러한 실험 동물들 또한 하나의 생명이기 때문에 동물실험은 종종 윤리적 문제에 부딪힌다. 역사적으로 동물 이용은 윤리적 타당성에 대한 논쟁이 있었고, 논쟁의 완화를 위해 연구자들은 다음과 같은 의무를 지며 동물실험에 임하게 된다.

1) 가능한 동물 이용을 삼가며, 불가능한 경우에는 이용되는 수를 줄이고 과정을 간소화하여 동물에게 최소한의 해를 줄 수 있도록 한다.
2) 연구로부터 얻어질 수 있는 이익에 대해 동물에게 일으킬 수 있는 위해를 고려하며 양쪽에 균형이 잘 조화될 때만 실험을 진행할 것.
3) 연구자 간 및 연구학회와 사회와의 상호 간 신뢰를 할 것.

위와 같은 의무를 Refinement, Reduction, Replacement로 3R이라 일컬어진다.

2. 실험용 쥐(설치류)

생물의학 연구에서 설치류는 1,000개 이상의 유전적으로 정의된 근교계통(inbred strains)을 갖는 가장 널리 이용되는 척추동물 품종이다. 설치류는 작은 개체크기와 높은 번식력을 가지며, 사육관리와 취급이 쉽다. 또한 짧은 생활주기와 수명을 가지고 있으므로 다수의 동물을 일시에 사용해 통계적 결론에 도달해야 하는 연구에 적합하다. 쥐와 사람의 유전자는 99% 유사하며 장기와 해부학적 위치도 인체와 유사하므로 생리학적 대사 기작이 사람과 90% 이상 유사하다. 이러한 설치류 사이의 근교계통 간에도 해부학적, 생리학적 특성에 있어서 상당한 차이가 존재하고 있으므로 일부 계통은 특수한 동물모델 즉 누드마우스(athymic nude mouse)로서 사용되고 있다. BALB/C는 누드모델 생쥐로서 육종되었으며 유방암 및 폐암의 자연발증이 낮고 높은 면역반응을 가지므로 항체생산 연구에 사용되고 있다. 이렇듯 목적에 따라 알맞은 strain의 종을 선택하여 연구에 사용할 수 있으며 특정 유전자를 인위적으로 넣거나 뺀 Knock-in, Knock-out 형질전환동물도 연구에 사용된다.

3. 실험용 쥐의 유전학적 분류

1) 폐쇄군(Closed colony)

일정한 집단 내에서만 번식이 계속되고 있는 군.

2) 근교계(Inbred)

극도의 근친교배에 의해 확립된 계통. 개체 간에 유사성이 높아져 각종 실험 처치에 대해 균일한 반응이 기대됨. 계통 특유의 유전적 특성이 있음(암, 백혈병, 당뇨병 등).

3) 교잡 군(Hybrid)

근교계 간의 교배로 나오는 종. F1, F2, 환원 교잡종, 3원 잡종, 4원 잡종 등이 포함.

4) 변이계(Mutant)

돌연변이가 일어난 동물 혹은 돌연변이 유전자를 이식한 동물.

5) 형질전환동물(Transgenic animal)

외래의 유전자를 수정란에 주입하여 염색체상에 삽입함으로써 그 형질의 일부가 전환된 동물.

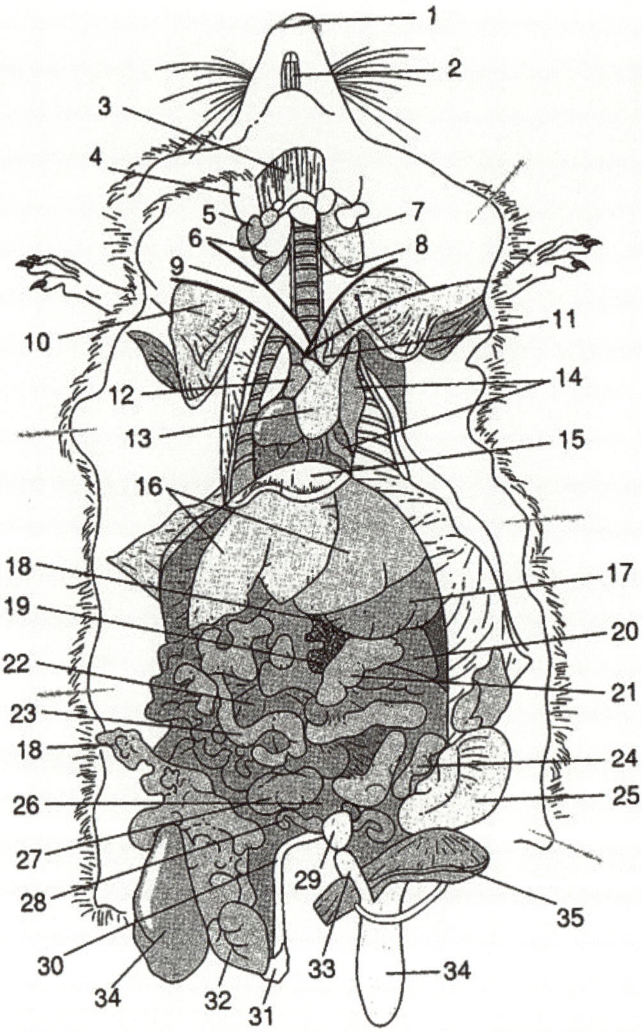

1. 외비공 : External nare
2. 절치 : Incisor tooth
3. 악이복근 : Digastric muscle
4. 교근 : Masseler
5. 이하선 : Parolid gland
6. 악하선 : Submandibular gland
7. 갑상선 : Thyroid gland
8. 기관 : Trachea
9. 총경동맥 : Common caroid artery
10. 쇄골하동맥 : Subxlavian artery
11. 흉선 : Thymus
12. 심방 : Atrium
13. 심장 : Heart
14. 폐 : Lung
15. 횡격막 : Diaphragm
16. 간장 : Liver
17. 위 : Stomach
18. 지방체 : Fat body
19. 췌장(이자) : Pancreas
20. 신장 : Kidney
21. 비장 : Spleen
22. 장간막 : Mesentery
23. 소장 : Small intestine
24. 대장 : Large intestine
25. 맹장 : Blind intestine (cecum)
26. 직장 : Rectum
27. 요관 : Ureter
28. 정낭 : Seminal vesicle
29. 방광 : Urinary bladder
30. 정삭 : Spermatic cord
31. 부고환 : Epididymis
32. 고환, 정소 : Testis
33. 음경 : Penis
34. 음낭 : Scrotum
35. 복근 : Abdominal

8-A 쥐의 내부기관

실험

실험 목표

대표적인 실험 동물인 설치류의 해부학적 구조를 관찰함으로써 포유동물의 일반적인 구조를 짐작해 볼 수 있으며, 다른 동물과의 유연관계를 알아본다.

실험기구 및 재료

해부대, 해부기구 set, 실험용 쥐, 70% ethyl alcohol or ketamine+rompun or chloroform

Simple Protocol

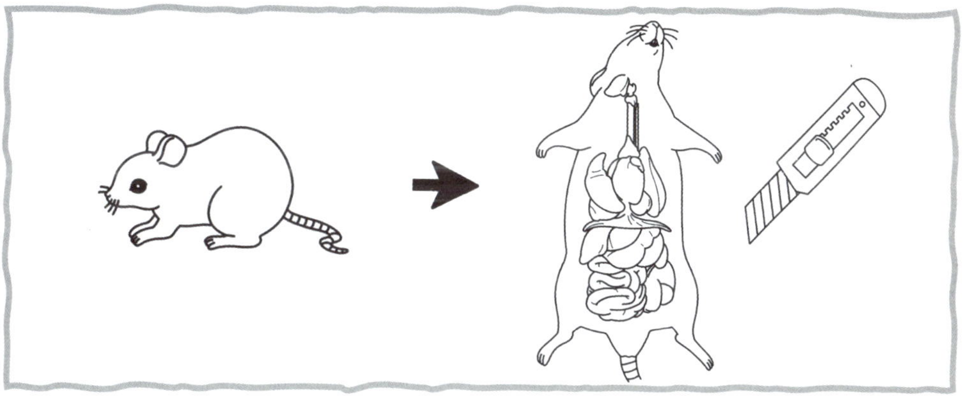

Protocol

1) 마취

- 경추탈골 : 엄지손가락과 집게손가락을 두개골 아랫부분에 있는 목의 양쪽에 놓고 누른다. 다른 손으로는 두개골로부터 경추를 분리하기 위해 꼬리를 빠르게 잡아당긴다.
- 복강주사 : 70% ethyl alcohol 또는 ketamine+rompun을 주사한다.
- 흡입마취 : 주로 chloroform 사용

2) 쥐의 외부 관찰

3) 쥐의 고정

쥐의 복부가 위를 향하도록 발을 해부대 위에 45° 각도로 단단히 핀을 꽂는다.

4) 쥐의 해부

쥐의 내장이 잘리지 않게 주의하면서 절개한다.

5) 쥐의 내부장기 관찰

실험 시 주의사항

- 경추 탈골 시 몸통과 꼬리가 분리되지 않도록 주의한다.
- 쥐 해부 시 장기가 손상되지 않도록 주의하여 절개한다.

참고자료와 서적(Reference)

1. 박병성 저, 실험동물학, 도서출판 효일, 2003, page 13~86

2. 민철기 외, 일반생물학실험서, 라이프사이언스, 1999, page 225 (그림 8-A)

실험 보고서

1. 실험날짜 :
2. 실험 목적 :
3. 실험기구 및 재료 :
4. 실험 과정 :
5. 실험 결과 및 고찰 :

→ 관찰한 쥐의 내부 기관을 그리거나 사진으로 붙여라.

→ 해부학적으로 관찰한 쥐의 내부장기와 알고 있는 사람의 내부장기와의 차이점은 무엇인가?

→ 해부 실험에 사용한 설치류의 strain 명과 특징에 대해 작성하라.

→ 특정한 질병 연구에는 어떤 설치류 strain 들이 사용되는지 조사하라.

→ 나의 의견

→ 더 공부할 것

Part 2

Prokaryotic cells

Chapter 9

DNA Cloning

실험실에서 쓰이는 '클로닝(Cloning)'이라는 용어는 다양한 의미로 쓰인다. 동물 복제나 새로운 유전자를 발굴하는 작업 자체를 클로닝이라고 하기도하고, 이미 플라스미드에 있는 유전자를 다른 플라스미드로 옮기거나(정확하게는 서브클로닝(subcloning)) 변형시키는 것 또한 클로닝이라고 불린다.

DNA Cloning은 유전공학 기법의 하나로, 원하는 유전자를 꺼내어 운반체(vector)에 재조합한 이후 E.coli 등의 숙주에서 증식시키는 기술을 말한다. DNA Cloning은 특정 유전자에 대한 여러 가지 기초연구, 유용한 물질의 생산 등 응용 연구에 이용된다.

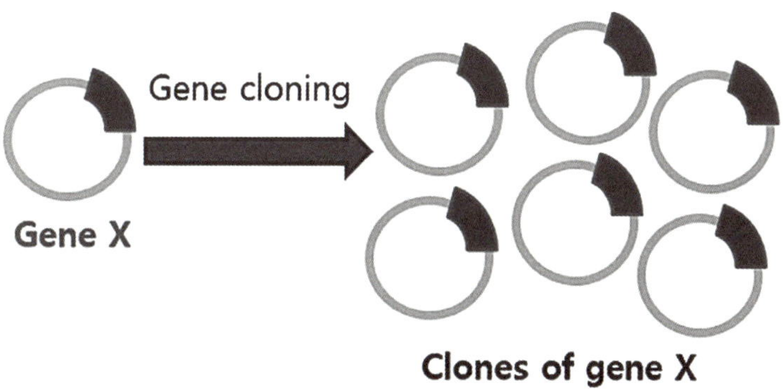

9-A DNA Cloning

1. 주요 용어

1) Cloning

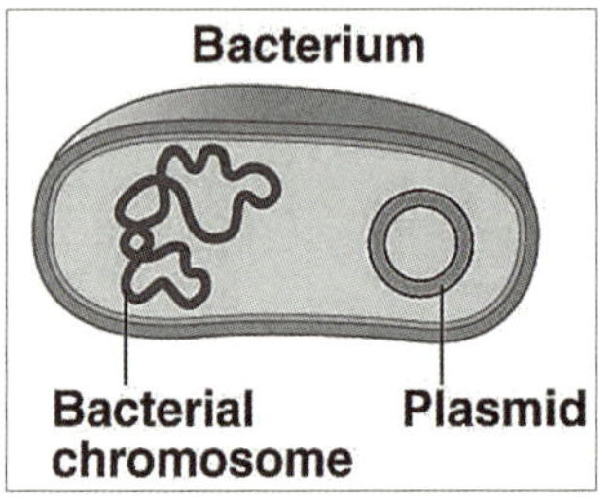

원하는 DNA 부분을 분리하여 Vector에 삽입하고 이런 재조합 DNA를 세포 안에서 다량으로 증식시켜 얻는 과정. 재조합 DNA의 복사체를 가지고 있는 세포를 clone이라고 한다.

2) Plasmid

박테리아의 세포 안에 존재하는 박테리아 chromosome 이외의 작은 원형의 DNA 분자. 형태는 원형이고, 이중 나선으로 되어 있으며, 박테리아의 유전자와는 독립적으로 분열할 수 있는 능력을 가지고 있다.

3) Vector

유전자 cloning 시에 우리가 원하는 유전자를 숙주세포 안으로 이동시켜 그 안에서 다량으로 복제 가능하도록 하는 일종의 운반체(transporter)

4) Insert

복제하려는 DNA 서열

2. Vector의 기능(조건)

1) 세포 내에서 자가복제(self-replication) 가능

Vector로 쓰이는 plasmid DNA들은 박테리아가 고유하게 가지고 있는 chromosomal DNA 이외의 DNA로 한 copy만 가지고 있는 chromosomal DNA와 달리 한 세포 내에서도 스스로 복제하여 수많은 copy가 존재할 수 있다.

2) 항생제를 이용한 선택(selection)이 가능

세포 속으로 DNA가 들어간 세포만을 선별하는 것을 selection이라고 한다. Selection을 통해 vector에 존재하는 항생제 내성 유전자를 이용해서 DNA가 세포 내로 주입되었는지 아닌지를 판별가능하다. 많이 사용되는 항생제로는 ampicillin, kanamycin, chloramphenicol 등등이 있다.

3) Multiple cloning site(MCS)

Vector는 일정 부위에 제한효소 절단 부위가 밀집된 부분이 있으며, 이 부분을 이용하여 실험자가 원하는 Construct를 자유자재로 만들 수 있다.

9 - 1

미생물 배양하기

목적

1. 미생물(대장균)을 키우기 위한 배지를 만들어보고, 배지를 오염되지 않으면서 배지의 특성을 살릴 수 있도록 멸균해본다.
2. 미생물 배양법에 대해 알아본다.

개요 및 원리

1. 배양 배지(Culture media)

어떠한 미생물을 이용하여 생명공학적으로 product를 얻고자 한다면, 그 미생물을 많이 배양하여 수 차례 실험을 반복할 수 있어야 한다. 이때 미생물이 살기 좋은 환경, 증식이 가능한 환경, 즉 배양 배지가 필요하다. 즉, 배지란 미생물이 자랄 수 있도록 인공적으로 만든 영양물질의 혼합물이다.

2. 배지의 분류

1) 배지 성분의 성상에 따른 분류

① 자연배지(Natural medium)

화학조성이 명확하지 않은 배지

② 합성배지(Synthetic medium)

인위적으로 영양분의 조성, 농도 등을 규명할 수 있는 배지

2) 사용 목적에 따른 분류

① 선택배지(Selective medium)

특정한 미생물의 생육을 위해 다른 미생물의 생육을 억제함으로써 선택적으로 배양하는 배지

② 증식배지(Enrichment medium)

- 일반 증식배지: 여러 가지 미생물이 혼합되어 있는 경우 다수의 균종이 생육할 수 있도록 된 배지
- 특수 증식배지: 한 종류의 미생물이 선택적으로 생육할 수 있도록 특별한 영양분 조성으로 만들 배지

3) 형상에 의한 분류

① 액체배지

각 성분을 증류수에 녹인 것. broth 또는 bullion이라고 부른다. 고속 배양, 대량 배양에 적합

② 고형배지

한천, 혈청 등을 사용하여 고형화한 배지

- 평판배지: 샬레에 2~3mm 두께로 굳힌 것. 주로 세균의 분리배양, 집락(colony)

의 관찰에 이용(LB agar plate)

- 사면배지: 시험관에 배지가 약 45° 경사가 되도록 굳힌 것으로 세균의 증식, 보존에 사용

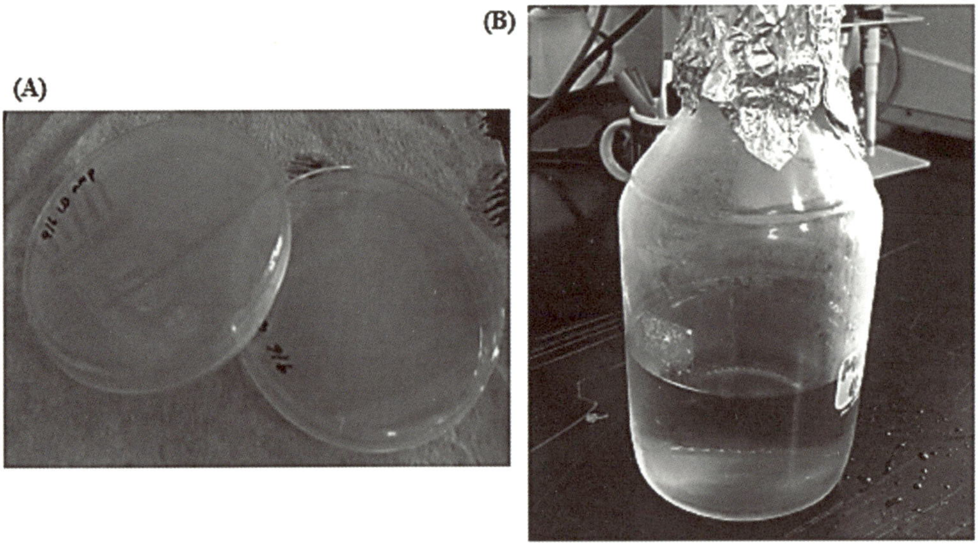

9.1-A,B 고체배지(LB agar plate)와 액체배지(LB broth)

3. 배지의 구성성분

배지의 구성성분은 배양하려는 미생물이나 조직세포가 필요로 하는 성분으로 구성되어 있는데, 이런 성분들을 이용하여 미생물들은 자기 세포 구성성분이 되는 물질을 합성하고 대사에 필요한 에너지원으로 사용한다.

- 탄소원: 당류, 유기산, 아미노산
- 질소원: 암모늄염, 아미노산, 펩타이드
- 인원: PO_4^{3+}
- 황산원
- 무기이온류: K, Na, Mg, Ca, Fe (미량원소: Mn, Co, Zn, Mo, Cu)
- 기타: 특정 아미노산, 비타민

참고 대부분의 미생물은 pH 6.5-7.4 범위의 중성 배지에서 잘 자라나 콜레라와 같은 호염기성 미생물(basophiles)은 pH 8.5-9.5의 범의에서 잘 자란다. 또 호산성 미생물(acidophiles)인 Thiobacillus같은 것은 pH 4에서, 곰팡이나 효모 같은 것은 pH5인 약산성에서 잘 자란다. 따라서 미생물을 성공적으로 배양하기 위해서는 1N NaOH나 1N HCl로 배지의 pH를 그 미생물의 생육에 알맞도록 조정하여 주어야 한다.

4. 멸균(Sterilization)

멸균이란 대상 물체에 존재하는 모든 미생물을 사멸시키거나 제거하는 조작으로 우리가 얻고자 하는 균을 배양하는 배지에 만약 목적하는 균 외에 다른 균이 함께 배지에 있다면 실험 결과에 큰 오차가 생기므로 오염이 안 된 배지를 얻기 위해 멸균한다.

1) 멸균의 종류

① 건열 멸균

- 화염멸균법: 불꽃에 직접 접촉시켜 표면에 붙어 있는 미생물을 태워서 멸균시키는 방법
- 건열멸균법: 건열에 의하여 미생물을 산화 또는 탄화시켜서 멸균하는 방법

② 습열 멸균

건열멸균법에 비해 열의 전도가 빠를 뿐만 아니라, 모든 부분에 골고루 열이 전달된다.

- 끓여서 소독하기
- 저온 소독법: 'Pasteurization'이라고 하며 멸균할 대상의 영양성분 파괴 방지나 맛의 변질을 막고 여러 균의 감염 방지를 목적으로 우유를 소독하거나 술 종류의 부패 방지에 이용

③ 고압증기멸균법

현재 가장 널리 이용되고 있는 멸균법으로 100~135℃ 고온의 수증기를 미생물,

포자 등과 접촉시켜서 가열 처리하는 방법으로 고압멸균장치(autoclave)가 필요하다.

- 장점: 멸균 물품에 잔류 독성이 없고 멸균시간이 짧다. 그리고 멸균 비용이 저렴하며 많은 멸균 물품을 한꺼번에 처리할 수 있다.
- 단점: 100℃ 이상의 온도에 견딜 수 없는 물품은 사용할 수 없고, 물기가 닿으면 용해하는 것은 멸균할 수 없다. 그리고 수증기가 통과되지 못하는 것은 멸균할 수 없다.

참고 열원으로 수증기를 사용하는 이유는, 열용량이 크고, 일정온도에서 쉽게 열을 방출하고, 청결하다. 그리고 냄새가 없고 무해하며 미세한 공간에도 침투성이 좋다. 대량으로 발생시킬 수 있다.

④ 기타

방사선 멸균, 초음파 살균법, 전자파(자외선) 조사 멸균법, 화학약품(알코올, 계면활성제, 과산화수소 등) 멸균법

5. 미생물 배양

세균의 배양 방법으로는 액체배지에 세균을 배양하는 inoculation 방법과 고체 배지에서 배양하는 streaking, smearing 방법이 있다. Inoculation은 일반적으로 증균 및 대사산물의 생산 등에 이용되고, streaking은 단일 세균의 군체를 얻기 위해 사용되며, smearing은 세균을 고체 배지 위에 배양할 때 쓰는 방법이다. 세균을 배양하기 위해서는 배양하고자 하는 세균의 특성을 고려하여 잘 자랄 수 있는 환경을 제공해 주어야 한다. 이러한 환경에는 온도와 pH가 중요하다. 온도는 배양기를 이용하여 조절하며, pH는 배지를 만들 때 조정한다. 준비된 배지에 세균을 접종하기 위해서는 다른 미생물이 들어오지 않도록 무균조작을 하여야 한다. 일반적으로 무균조작을 위하여 biosafety cabinet을 사용하는데, 이는 외부의 공기가 침입하지 않도록 차단막을 만들고, 외부로부터 오염된 공기가 들어가지 않도록 차단장치를 마련한 박스형의 공간을 말한다. 무균실이 없을

경우에는 실험대를 잘 소독하고 알코올램프를 여러 개 장치한 다음 일부의 공간에 오염된 공기가 들어오지 않게 한 다음 조작하면 어느 정도의 무균조작이 가능하다.

9.1-C 화염멸균

실험 목표

- 세균의 배양 시 사용되는 LB 배지 제조법을 알아본다.
- 액체배지에 세균을 배양하는 inoculation 방법과 고체 배지에서 배양하는 streaking, smearing(spreading) 방법을 이용해 세균을 배양하고 관찰한다.

Simple Protocol

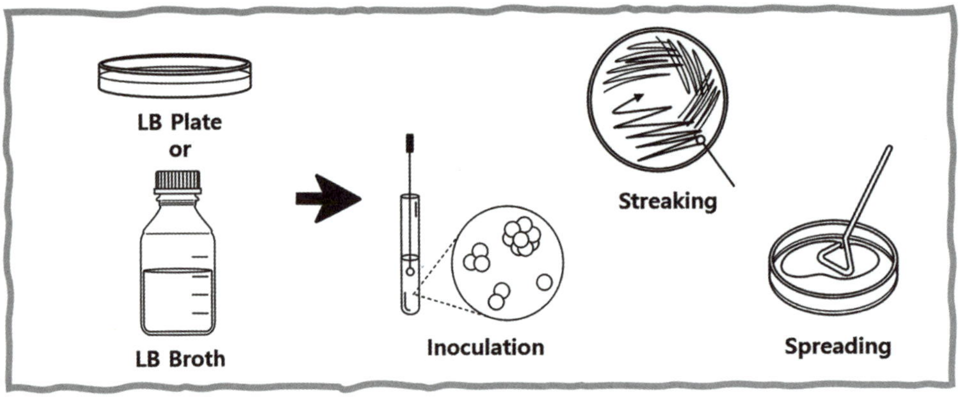

1. LB 배지의 제조(500mL)

LB 배지는 Luria-Bertani media에서 앞 글자만 따서 LB 배지라고 하고, 미생물 키울 때 가장 일반적으로 쓰는 배지이다.

실험기구 및 재료

삼각플라스크, 고압 멸균기, 메스실린더, 비커, 페트리디쉬, pipette aid, Trypton, yeast extract, NaCl, Agar, D.W(증류수), Ampicillin

Protocol

1) 각각 시료의 질량을 잰다.

   - Trypton 10g/L : 박테리아가 자라면서 필요한 amino acid와 small peptide를 공급
   - Yeast extract 5g/L : nitrogen, sugar, inorganic and organic nutrient의 공급원

- NaCl 10g/L : 배지의 삼투압을 조정
- Agar 15g/L : 배지를 굳게 하는 기능

2) 삼각플라스크에 500㎖가 되지 않게 D.W를 담는다.
3) 시료를 비커에 넣고 섞는다(trypton, yeast, NaCl).
4) Agar는 삼각플라스크에 직접 넣고 비커의 내용물과 D.W.를 메스실린더에 넣어 500㎖를 맞춘 후 삼각플라스크에 옮긴다.
5) Autoclave 한다.
6) 적당히 식은 후(약 60℃) biosafety cabinet에서 ampicillin(50㎍/㎖)을 넣는다.
7) 페트리디쉬에 약 20mL씩 pipette aid를 사용하여 붓는다.
8) 식힌 후 호일로 싸서 4℃ 보관.

참고 일단 만들어진 배지는 3개월을 넘기지 않도록 하고, 고체 배지의 경우 4°C 저온 보관한다.

2. Inoculation

실험기구 및 재료

Shaking incubator, micro pipette, 50㎖ conical tube, alcohol lamp, streaked colony, LB broth 배지, ampicillin

Protocol

1) Biosafety cabinet 안에서 알코올램프를 켜고, 알코올로 주변을 닦는다.
2) 50㎖ conical tube에 LB 배지 10㎖를 덜어 놓고, ampicillin(50㎍/㎖)을 넣는다.
3) Micro pipette를 이용해 어제저녁에 streaking 해 놓은 colony 중 하나만 채취해 LB broth 배지에 넣고, 잘 흔들어 준다.
4) 접종된 배지는 37℃ shaking incubator에 넣어준 후 12~16h(overnight) 배양한다.

3. Streaking

실험기구 및 재료

Biosafety cabinet, incubator, alcohol lamp, 백금이, LB plate, 배양할 미생물

Protocol

1) Biosafety cabinet 안에서 알코올램프를 켜고, 알코올로 주변을 닦는다.
2) 백금이를 화염멸균을 한 후 식힌다.
3) 균주를 조금 떠서 좁은 범위 내에서 여러 차례 왕복하여 세균을 streaking 한다(3단 streaking).
4) Streaking 된 배지는 뒤집어 37℃ incubator에 넣어준 후 12h~16h(overnight) 배양한다.

4. Smearing(Spreading)

실험기구 및 재료

Biosafety cabinet, LB plate, 삼각봉, alcohol lamp, incubator, micro pipette, 배양할 미생물

Protocol

1) Biosafety cabinet 안에서 알코올램프를 켜고, 알코올로 주변을 닦는다.
2) 삼각봉을 화염 멸균한 후 식힌다.
3) Micro pipette으로 도말하고자 하는 sample의 양만큼 채취하여 ampicillin이 첨가된 LB plate에 흩뿌린다.
4) 삼각봉으로 골고루 문지른다.
5) Smearing 한 배지는 뒤집어서 37℃ incubator에서 12h~16h(overnight) 배양한다.

실험 시 주의사항

- Smearing과 streaking 시 고체 배지가 찢어지지 않도록 주의해서 고루 문지른다.
- Streaking 시 너무 많은 균을 접종해선 안 되며 1차 도말에서 다음 단계 도말로 넘어갈 시에 새로운 균을 채취하는 것이 아니라 기존의 배지에 묻어 있는 균을 퍼뜨려 도말한다.
- Streaking 시 1차 도말에서는 도말 간격을 촘촘히 하고 단계가 진행될수록 간격을 넓혀 싱글 콜로니를 얻도록 해준다. 간격이 좁으면 콜로니끼리 뭉치게 된다.

참고자료와 서적(Reference)

1. 노현주 외, 손을 잡고 가르쳐주는 DNA 클로닝 4판, 라이프사이언스, 2022, page 1~159

실험 보고서

1. 실험날짜 :
2. 실험 목적 :
3. 실험기구 및 재료 :
4. 실험 과정 :
5. 실험 결과 및 고찰 :

→ 미생물 배양은 제대로 이루어졌는가? 사진을 붙이고 설명하라.

<LB agar plate>

<Streaking>

<Smearing>

<Inoculation>

→ 미생물 배양이 제대로 이루어지지 않았다면, 그 이유는 무엇인가?

➞ 나의 의견

➞ 더 공부할 것

9 - 2

박테리아 Plasmid DNA 정제

목적

1. Plasmid의 정의에 대해 알아본다.
2. 세균으로부터 plasmid DNA를 정제하는 원리와 방법에 대해 알아본다.

개요 및 원리

1. Plasmid

Chromosome 이외에 존재하는 circular DNA molecule(극소수는 linear)로서 크기가 chromosome DNA에 비해 작다(supercoil 되어 있기도 하다). 이것은 세포가 성장함에 따라 단백질, RNA를 합성하며 chromosome과는 독립적으로 replication 한다. Bacterial growth에 필수적 기능을 하는 유전자가 없는 대신 특수 상황에서 bacteria에 도움이 되는 유전자 산물을 합성한다.

Plasmid는 쉽게 분리할 수 있으며 정제된 plasmid DNA를 적당한 용액 내에서 원하는 숙주세포(host cell)와 혼합하여 줌으로써 간단히 전이시킬 수 있으며(transformation), 제한효소(restriction enzyme)를 사용하여 어떤 유전자를 plasmid DNA에 삽입시킬 수 있다. 원하는 유전자를 plasmid라고 불리는 세균의 염색체의 DNA에 끼워 넣으면 외래 유전자가 plasmid에 연결되어 plasmid의 모든 유전자는 세균이 그들이 가진 본래의 유전자처럼 발현된다. Plasmid를 분리하는 방법은 다양하나 기본적인 원리는 plasmid DNA가 염색체 DNA에 비해 작으며 원형 DNA라는 특성을 이용하는 것이다. Alkaline lysis 방법은 1979년에 개발된 이후 지금까지 사용되고 있는 방법이다. 세균을 높은 pH에서 강한 음이온 세정제인 SDS로 처리하여 세포벽을 깬다. 이때, 염색체 DNA와 단백질, 깨진 세포벽 등은 SDS와 함께 침전물을 형성하고 plasmid는 용액상에 유리된다. 이들을 원심분리한 후, 침전물은 제거하고 상층액을 따면 plasmid를 정제할 수 있다.

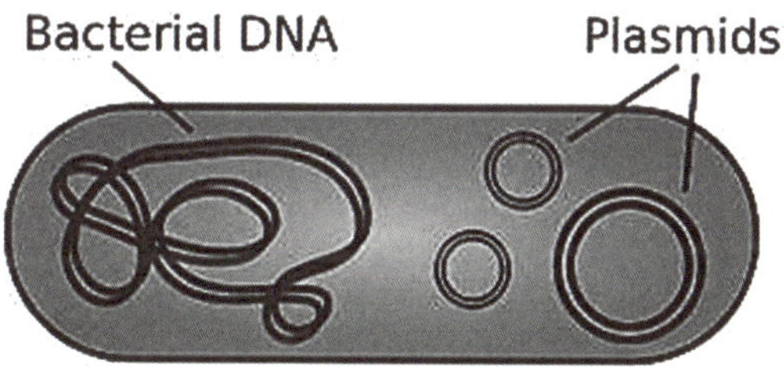

9.2-A Plasmid DNA

2. Plasmid가 보유한 기능

1) Antibiotic resistance

Plasmid가 가지고 있는 항생제 내성은 항생제에 의하여 저해 받는 target protein을 코드 하는 유전자의 돌연변이에 의하여 생성된 저항성 형태와 다르다. Plasmid에 따라 streptomycin, penicillin, tetracycline, kanamycin, ampicillin 등의 항생제에 대해 저항성을 가진다.

2) Conjugation

한 bacterium에서 다른 bacterium으로 plasmid가 이동할 수 있는 기능

3) Bacteriocin

Bacteria-killing protein(colicin)을 코드 할 뿐 아니라 bacteriocin에 대한 immunity를 가지는 유전자를 포함한다.

4) Virulence factor

동물, 식물에 대하여 pathogenic한 성질을 나타내는 virulence factor를 코드한다.

5) Symbiosis

Rhizobium으로 하여금 질소고정을 할 수 있도록 nodule을 형성케 하는 nod 유전자를 보유한다.

6) 화학물질 이용

Pseudomonas에 존재하는 Tol plasmid의 Tol gene은 hydrocarbon을 분해하는 효소를 코드 한다.

실험 목표

Alkaline lysis 방법 또는 plasmid mini prep kit를 이용하여 E.coli 의 plasmid DNA를 정제한다.

실험기구 및 재료

원심분리기, microtube, tip, 교반기, 흡입기, Alkaline lysis solution Ⅰ[50mM glucose, 25mM Tris·Cl (pH8.0), 10mM EDTA (pH8.0)], Alkaline lysis solution Ⅱ[0.2N NaOH, 1% SDS], Alkaline lysis solution Ⅲ[5 M Potassium acetate 60ml, glacial acetic acid 11.5㎖, H_2O 28.5㎖], ethanol, phenol/chloroform(1 : 1), 70% ethanol, TE–RNase 용액 [10mM Tris–Cl(pH 8.0), 1mM EDTA(pH 8.0), 20㎍/㎖ RNaseA]

Simple Protocol

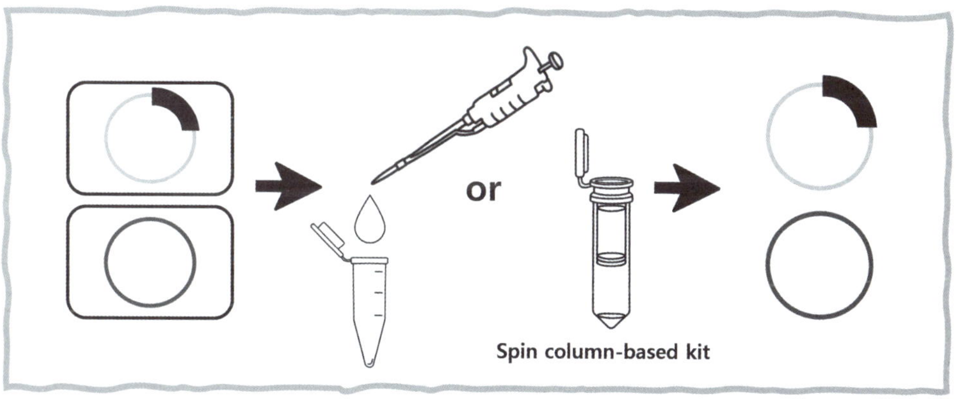

Protocol

1) Single colony를 ampicillin이 첨가된 10㎖ LB medium에서 inoculation 한 후 37℃ shaking incubator에 키운다(12~16h).
2) 키운 cell을 tube에 옮긴 후, 30초간 centrifuge (원심분리)한 후 상층액을 제거한다.
3) 남아 있는 pellet에 ice–cold alkaline lysis solution Ⅰ 100㎕를 넣고 vortexing 하여

pellet을 풀어준다.

4) Alkaline lysis solution II 200㎕를 넣고 microtube를 4~5회 inverting 하여 조심스럽게 섞어준다.
5) 5분간 ice에 보관 후, ice-cold alkaline lysis solution III 150㎕를 넣고 여러 번 inverting 하여 섞어준다.
6) 3~5분간 ice에 보관 후, 5분간 centrifuge 한다.
7) 조심해서 상층액을 새 튜브에 옮기고, 동량의 phenol/chloroform을 넣은 후, vortexing 한다.
8) 2분간 centrifuge 하면 수용액 층과 유기 용액 층으로 분리되는데 수용액 층을 조심스럽게 새 튜브에 옮긴다.
9) 2배 부피의 ethanol을 넣고 잘 섞은 후, 상온에서 2분간 보관한다.
10) 5분간 centrifuge 한 후, 조심스럽게 상층액을 버린다.
11) 1㎖의 70% ethanol을 넣고 조심스럽게 inverting 하여 washing 한다.
12) 2분간 centrifuge 한 후, 상층액을 tip을 이용해 최대한 깨끗이 제거한다.
13) 뚜껑을 연 상태에서 10분간 air-dry 시킨다.
14) RNaseA(20㎍/㎖)가 들어간 TE-buffer(pH8.0) 또는 distilled water 20~50㎕을 넣고 가볍게 vortex 하여 DNA를 녹인다.
15) 녹인 DNA solution은 -20℃에 보관하거나 전기영동의 방법으로 그 크기(size)와 농도를 확인한다. 또는 마이크로 플레이트 분광 광도계(microplate spectrophotometer)를 이용하여 농도와 purity를 확인한다.

참고 Plasmid mini preparation kit를 사용하는 경우도 있다. Spin column을 이용한 kit를 사용하는 경우, 실험 시간이 단축되고 plasmid 정제 정확도가 올라간다는 장점이 있다.

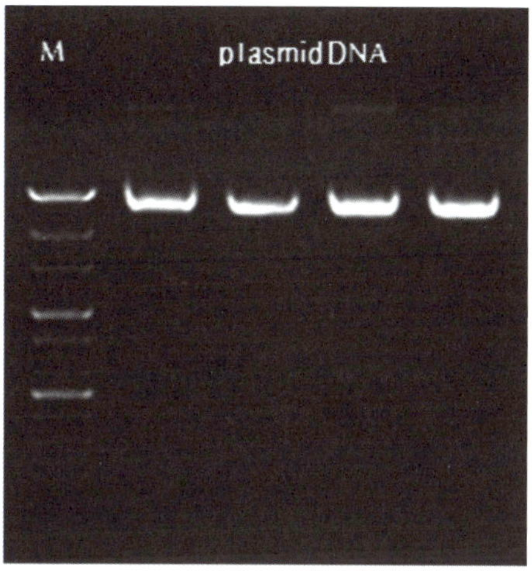

plasmid DNA electrophoresis

9.2-B Plasmid DNA preparation M : marker(1 lane), pQE30 균주에서 뽑은 plasmid DNA(2, 3, 4, 5 lane)

실험 시 주의사항

- 페놀/클로로포름은 독성 물질이므로 사용 시 몸에 묻지 않도록 주의하며 반드시 장갑을 착용한다. 만약에 묻었을 경우 흐르는 물에 충분히 씻는다.
- 상층액을 딸 때에는 침전물이 같이 딸려오지 않도록 주의한다.
- 에탄올 washing 후 air-dry시 가능한 pellet이 완전히 건조될 수 있도록 한다.

참고자료와 서적(Reference)

1. Green, Michael R., and Joseph Sambrook. "Molecular cloning." A Laboratory Manual 4th 448 (2012). page 2~78

실험 보고서

1. 실험날짜 :
2. 실험 목적 :
3. 실험기구 및 재료 :
4. 실험 과정 :
5. 실험 결과 및 고찰 :

➞ Plasmid DNA 정제 후 전기영동 하였을 때 DNA Band가 어떻게 관찰되는가? 사진을 붙이고 설명하라.

➞ 전기영동 시 DNA의 속도는 그 형태에 따라 다르다. supercoil form, circular form, linear form의 plasmid DNA의 이동 속도를 결정하라.

➞ Alkaline lysis solution Ⅰ, Ⅱ, Ⅲ 의 각각의 역할 및 세 solution 간의 차이점은 무엇인가? 또는 plasmid mini preparation kit을 사용하였으면 각 단계에 사용된 버퍼의 역할에 대해 작성하라.

➞ 정제된 Plasmid DNA의 농도와 purity를 마이크로 플레이트 분광 광도계(microplate spectrophotometer)를 이용해 측정하라.

➞ 마이크로 플레이트 분광 광도계(microplate spectrophotometer)에서 DNA 혹은 RNA 핵산의 농도 확인 시 사용되는 파장대 230nm, 260nm, 280nm 각각이 측정하는 것은 무엇인가? 그리고 A260/A230, A260/A280 ratio 각각이 나타내는 것은 무엇인가?

➞ 나의 의견

➞ 더 공부할 것

9 - 3

제한효소를 이용한 DNA 절단

목적

1. 제한효소에 대하여 알아보고 효소를 이용하여 DNA를 잘라 본다.

개요 및 원리

1. 제한효소(Restriction Endonuclease, RE)

핵산 분해효소의 한 종류로 이질의 숙주에서 증식한 DNA의 침입을 받았을 때 그 DNA와 자기의 DNA를 식별하고 분해해 버리는 효소이다. 절단 양식이나 활성 발현인자 같은 특성에 의해 Ⅰ, Ⅱ, Ⅲ 형의 3가지로 구분된다.

DNA를 자른다는 것은 nucleotide들이 연결된 phosphodiester 결합을 끊어내는 것으로 이런 역할을 하는 효소를 nuclease라고 하며 바깥쪽을 자르는 것을 exonuclease, 안쪽을 자르는 것을 endonuclease라 한다. 제한효소는 endonuclease 로 실제 사용되는 것은 대부분 Ⅱ형이며 이는 DNA에 존재하는 특정한 염기서열을 인식하고 인식한 서열 부위 또는 그 근처에 존재하는 특정 부위를 절단한다.

제한효소의 명명은 발견된 세균의 이름 및 serotype에 따라서 붙이게 되며 제한효소가 인식할 수 있는 부위는 앞으로 읽으나 뒤로 읽으나 염기서열이 같은 모양인 회문구조(palindrome)를 하고 있는 것이 특징이다. 잘린 후 DNA 모양은 sticky end

(5'-overhang cohesive end, 3'-overhang cohesive end) 또는 blunt end가 만들어질 수 있으므로 목적에 따라 잘 선택해서 사용해야 한다.

2. Enzyme의 단위(Unit, U)

1 unit은 50μl 반응에서 1μg의 λDNA를 1시간 동안 자르는데 필요한 양을 말한다.

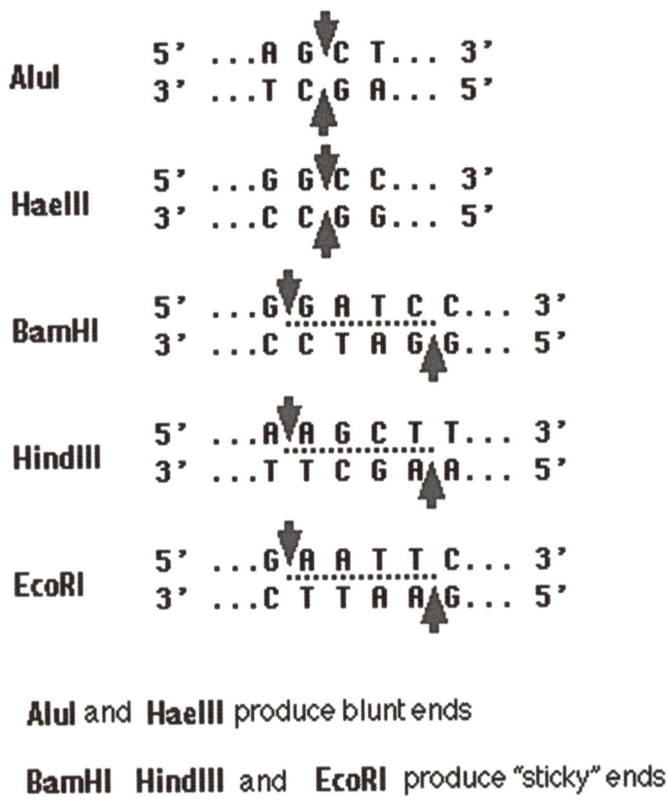

9.3-A 여러 가지 enzyme의 종류와 restriction site

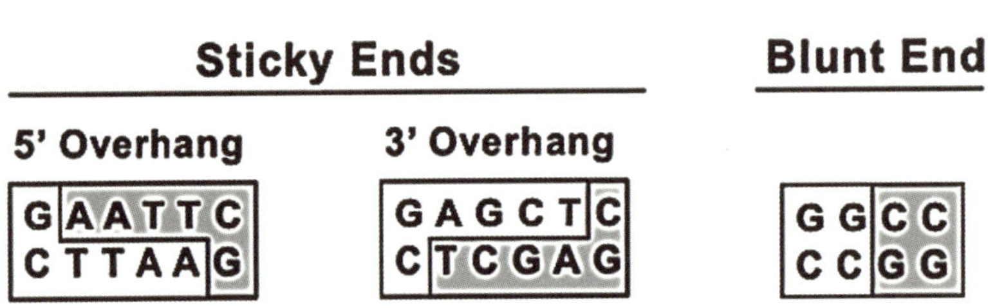

9.3-B Sticky ends 와 blunt ends

3. STAR 활성(Star activity)

제한효소 중에는 기질이 되는 DNA에 대하여 특정한 반응조건 아래에서 사용하면 그 특이성이 저하하여 본래의 인식서열과 다른 염기서열을 절단하는 것이 있다. 이러한 것을 STAR활성(Star activity)이라고 하는데 이것의 출현 빈도는 효소, 기질 DNA, 반응조건에 따라 다르나 거의 모든 제한효소가 STAR 활성을 갖는다고 볼 수 있다. 이러한 STAR 활성을 억제하기 위해서는 낮은 글리세린 농도, 중성 pH, 높은 염 농도 상태에서 실험하는 것이 좋다.

STAR활성은 다음과 같은 경우에 자주 발생한다.

1) 글리세롤(glycerol)이 전체 반응부피의 5%를 초과할 경우
   - 대부분의 상업용 제한효소는 50%의 글리세롤 용액 상태이다. 10μl의 절단 반응에서 1μl의 제한효소를 사용하면 최종적으로 5%의 글리세롤이 반응액에 존재하게 된다. 그러므로 10μl 반응에서 1μl 이상의 제한효소를 사용 시 STAR활성이 발생할 가능성이 크다.
2) 글리세롤과 무관하게 제한효소: DNA 비율이 커지는 경우
3) 해당 제한효소에 권장된 버퍼를 사용하지 않을 경우
4) 반응시간이 늘어날 경우 제한효소 종류에 따라 DNA가 특정 제한효소에 장시간 노출된다면 STAR활성이 발생한다. 또는 장시간 반응 시 물 증발로 인해 글리세롤과 버퍼 농도가 높아질 경우이다. 물 증발을 막기 위해 항온 수조(water bath)나 incubator 대신 PCR기기(thermocycler)를 이용하는 것이 좋다.
5) 반응용액에 에탄올이나 DMSO 같은 유기용매가 있는 경우
   - 상업용 mini prep kit를 사용할 경우, 마지막 에탄올 wash step에서 에탄올을 완전히 제거하지 않으면 STAR활성이 발생할 확률이 커진다.

실험

실험 목표

정제한 plasmid에 제한효소 처리를 함으로써 원하는 부분이 잘린 plasmid를 관찰한다.

실험기구 및 재료

Water bath, ice, micro pipette, DNA, 10X restriction enzyme buffer, restriction enzyme, 증류수

Simple Protocol

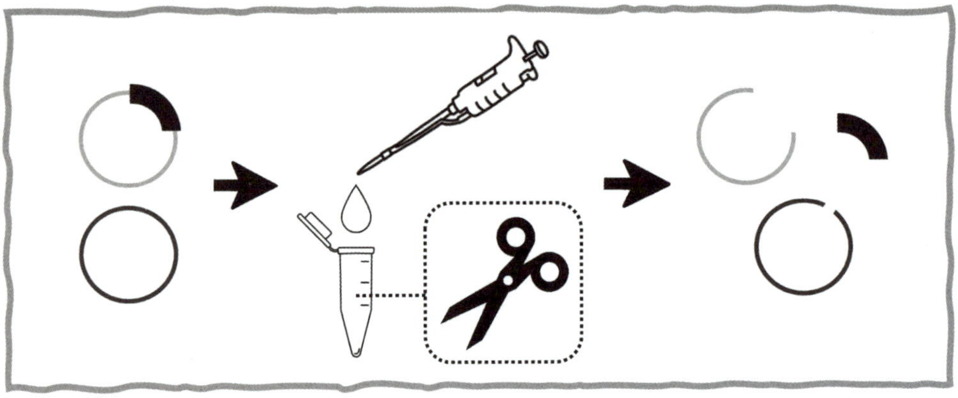

Protocol

1) DNA의 size를 확인한다.

2) DNA, 10X restriction enzyme buffer, restriction enzyme, 증류수를 ice에 준비한다.

3) Reaction mixture를 준비한다.

Total	20㎕
증류수	㎕
10X Restriction enzyme buffer	2㎕
DNA	㎕
Restriction enzyme	㎕

4) Pipetting하여 잘 섞은 후 37℃ water bath에서 한 시간 동안 반응시킨다.

5) 확인 : 제한효소 반응은 원래 갖고 있던 DNA가 알맞은 enzyme site에서 잘렸는가를 확인하는 것이므로 전기영동을 사용하여 확인한다.

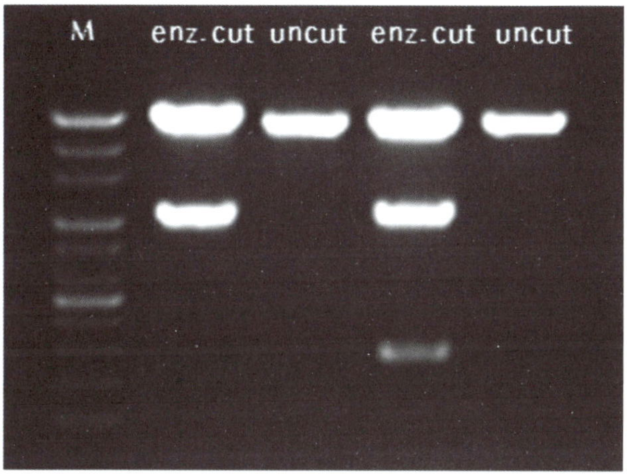

enzyme cut electrophoresis

9.3-C 제한효소 처리 전, 후 전기영동 확인. marker(lane 1), HindⅢ로 자른 pT7T3d-pac DNA(lane 2), pT7T3d-pac plasmid DNA(lane 3, 5), HindⅢ와 EcoRⅠ으로 자른 pT7T3d-pac DNA(lane 4)

참고 사용하는 제한효소의 종류에 따라 10X buffer의 종류도 다르며, 반응온도도 달라진다. 반드시 사용하는 제한효소에 알맞은 10X buffer와 온도 조건을 확인하고 실험한다.

실험 시 주의사항

- Mixture를 만들 때 enzyme은 가장 나중에 넣는다.
- DNA 내에 특정 enzyme으로 잘리는 부위가 몇 개가 되는지 파악한다.
- Enzyme cutting 전과 후의 비교가 가능하도록 두 DNA를 함께 전기영동 한다.

참고자료와 서적(Reference)

1. 노현주 외, 손을 잡고 가르쳐주는 DNA 클로닝 4판, 라이프사이언스, 2022, page 1~159
2. https : //www.biology-pages.info/R/RestrictionEnzymes.html (그림 9.3-A)
3. https : //blog.edvotek.com/2020/09/17/a-quick-guide-to-restriction-enzymes/ (그림 9.3-B)

실험 보고서

1. 실험날짜 :
2. 실험 목적 :
3. 실험기구 및 재료 :
4. 실험 과정 :
5. 실험 결과 및 고찰 :

→ 실험에 사용한 restriction enzyme은 무엇이며 enzyme site는 어디인가?

→ 원래의 plasmid DNA와 제한효소 반응 후의 plasmid DNA의 크기를 각각 전기영동으로 확인하라.

→ Enzyme cutting 전과 후의 plasmid DNA의 크기는 각각 얼마인가?

→ 제한효소 활성에 영향을 끼치는 인자들에는 어떤 것들이 있는가?

→ 제한효소의 세 가지 타입의 특성은 각각 어떠한가? (TypeⅠ, TypeⅡ, TypeⅢ)

→ 나의 의견

→ 더 공부할 것

9 - 4

Gel extraction(DNA purification from gel)

목적

1. Agarose gel electrophoresis 후, 잘린 DNA 조각이나 PCR 산물을 얻는 방법이다. 이는 사용한 중합효소, 완충용액, gel 조각 등으로부터 순수하게 DNA만을 분리하는 과정이다.

개요 및 원리

1. Gel extraction

제한효소로 DNA를 절단한 뒤 원하는 크기의 DNA만을 분리하는 과정을 수행하는 것을 의미한다. 일반적으로 gel extraction 과정은 전기영동 후, gel에서 관찰되는 특정 size의 DNA band로부터 DNA를 유리해내는 것이다. Gel에서 DNA를 회수하는 많은 방법에는 low-melting temperature, electroelution, high-salt extraction, freeze-squeeze 등이 있다.

2. DNA 분리 방법과 그 원리

1) Low melting temperature agarose method

Agarose 중에서 저온에서도 녹는 agarose를 사용한다. Agarose를 저온에서 녹여 용액에 녹은 DNA를 분리해 내는 방법이다.

2) Electroelution

전기장을 이용하여서 DNA를 분리해내는 방법인데 주로 dialysis tubing 방법과 NA-45 membrane 방법을 쓴다. 먼저 dialysis tubing 법은 gel 조각을 tube 안에 넣어 전기영동을 시키면 dialysis tube 안에 DNA가 모이는데 그 방법을 이용한 것이다. 그리고 NA-45 membrane 방법은 Gel 조각을 NA-45 membrane에 붙여서 전기장을 주면 gel에서 빠져나온 DNA가 NA-45 membrane에 결합하게 되는데 그것을 이용한 것이다.

3) High-salt extraction

6M 정도의 고농도의 나트륨이온을 사용하여 agarose gel을 녹인 뒤 DNA를 glass에 붙여 분리해 내는 방법이다. 주로 glass bead와 glass fiber 방법을 사용한다. glass bead는 핵산이 glass bead에 높은 농도의 염, 낮은 온도 조건에서 adsorption 되는 원리를 이용한 것이다. 원심분리를 하면 bead에 붙은 DNA만 분리된다. glass fiber는 bead 대신 fiber 을 이용하여, wash 후 spin 방법으로 이물질들을 제거하고, 마지막에 low salt buffer로 DNA를 분리해 낸다.

4) Freeze-squeeze

DNA가 들어 있는 gel을 저온에서 얼린 후 원심분리를 이용하여 DNA를 분리하는 방법으로 agarose matrix는 glass wool에 걸리고, DNA와 buffer는 빠져나온다.

실험 목표

전기영동 한 agarose gel에서 목적하는 band를 확인 후, band의 DNA를 분리해 낸다.

실험기구 및 재료

Phenol, chloroform, isopropyl alcohol, DNA가 들어 있는 gel, 멸균된 microtube, Freezer, 100%, 70% ethanol, TE buffer, distilled water

Simple Protocol

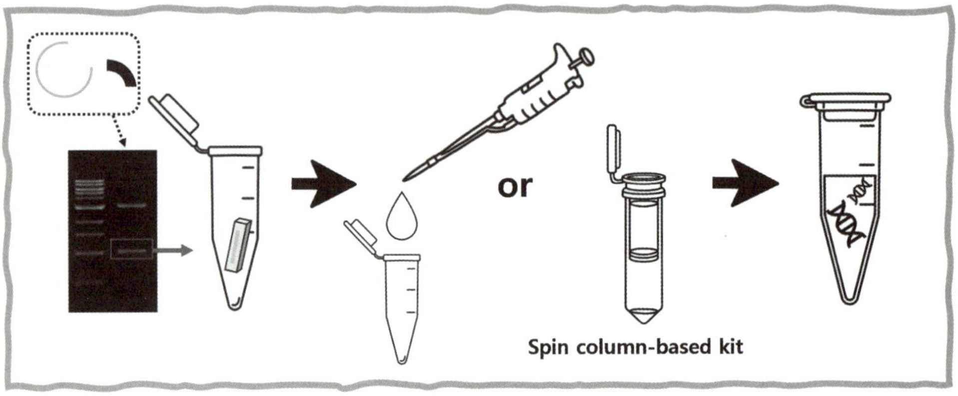

Protocol

1) Phenol : Chloroform : Isopropyl Alcohol = 25 : 24 : 1 비율로 섞어서 준비한다.
2) Gel 상에서 원하는 DNA 부위를 자르고 멸균된 microtube에 넣은 뒤 1~3분간 얼린다.
3) 얼린 DNA gel을 으깨고 TE buffer(360~400㎕)를 넣고 voltexing 한다.
4) 3)의 solution에 1에서 준비한 separation solution을 400㎕/sample만큼 넣고 voltexing.
5) 12000rpm에서 10분간 원심분리.
6) 상등액 360㎕를 새 microtube에 옮기고 NaOAce(pH 5.2) 40ul를 넣고 voltexing(Total 400㎕)

7) 100% 에탄올 1㎖를 넣고 -20℃에서 15분간 incubation

8) 12000rpm에서 15분간 원심분리 후 상등액을 버림

9) 70% ethanol을 400㎕ 넣고 vortexing 후 12000rpm에서 5분간 원심분리.

10) 상등액을 버리고 공기 중에 말린 후 TE buffer 또는 distilled water(10~20㎕)를 넣어 DNA를 녹인다.

참고 Gel extraction kit를 사용하는 경우도 있다. Spin column을 이용한 kit를 사용하는 경우, 실험 시간이 단축되고 DNA 정제 정확도가 올라간다는 장점이 있다.

실험 시 주의사항

- Gel은 최대한 DNA band 크기에 맞게 잘라내야 비교적 높은 수율의 DNA를 얻을 수 있다.

참고자료와 서적(Reference)

1. 노현주 외, 손을 잡고 가르쳐주는 DNA 클로닝 4판, 라이프사이언스, 2022, page 1~159

실험 보고서

1. 실험날짜 :
2. 실험 목적 :
3. 실험기구 및 재료 :
4. 실험 과정 :
5. 실험 결과 및 고찰 :

→ DNA extraction 시 다음 시약을 쓰는 이유는 무엇인가?

- Phenol :
- Chloroform :
- Isopropyl alcohol :
- TE buffer :
- NaOAce :
- Distilled water :

→ Extraction 후 전기영동을 통해 결과를 확인하라.

→ Extraction 후 DNA Band의 밝기는 어떠한가? 기존의 밝기와 다르다면 그 이유는 무엇인가?

→ Gel extraction kit을 사용한 경우, spin column membrane에 DNA가 binding 되는 원리는 무엇인가?

→ Gel extraction으로 분리한 DNA의 농도와 purity를 마이크로 플레이트 분광 광도계(microplate spectrophotometer)를 이용해 측정하라.

→ 나의 의견

→ 더 공부할 것

9 - 5

Ligation

❙ 목적

1. Vector DNA와 Insert DNA를 연결하여 형질전환의 재료를 만들 수 있다.

❙ 개요 및 원리

1. DNA ligation

Ligation은 문자 그대로 DNA나 RNA의 끝을 이어주는 과정을 가리키는 용어이다. 이 반응에 이용되는 효소를 ligase라 하며 DNA를 기질로 사용하는 ligase를 DNA ligase, RNA를 기질로 사용하는 ligase를 RNA ligase라 한다. RNA ligase는 single strand의 DNA 또는 RNA끼리 연결해 주는 효소이다. 유전자 재조합 과정에 사용되는 ligase는 주로 DNA ligase이며 이 효소는 원핵세포, 진핵세포, 바이러스 등에서 유래한 것이 있는데, 현재 많이 사용되는 ligase는 T4 DNA ligase와 E. coli DNA ligase이다. T4 DNA ligase는 cofactor로 ATP를 필요로 하고, E. coli ligase는 NAD+를 필요로 한다. 이들 두 ligase는 blunt-ended DNA, cohesive-ended DNA, nicked DNA 등에 모두 작용할 수 있으나 E. coli DNA ligase는 T4 DNA ligase와 비교할 때 blunt-ended DNA에 작용하는 힘이 약하므로 일반적인 유전자 재조합 과정에서는 T4 DNA ligase를 더 많이 사용하는 경향이 있다.

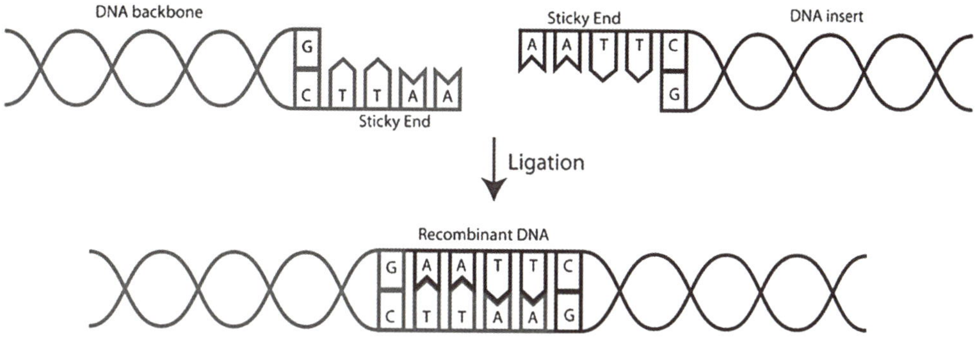

9.5-A DNA ligation

2. T4 DNA ligase

대장균의 박테리오파지 T4에서 유래하는 DNA 중합효소. 분자량은 약 114,000인 단일 소단위로 구성한다. 주형 DNA상에 존재하는 시발체 분자의 3′-OH 말단에서 주형 DNA에 상보적인 새로운 DNA 사슬을 합성한다. 반응은 높은 연속 신장성을 나타내며 5′→3′핵산 말단 가수분해효소 활성은 없지만 강력한 3′→5′핵산 말단 가수분해효소 활성이 있어 외가닥 및 2중 가닥 DNA를 분해할 수 있다. DNA의 3′말단의 표지, 돌출발단(부착 말단)의 평활화 등에 사용한다.

3. Vector와 insert의 ratio 결정과 계산

Ligation의 효율을 높이기 위해서는 vector와 insert 간에 알맞은 농도비(molar ratio)를 정하는 것이 중요하다. Ligation 시 vector와 insert 간에 molecular encounter frequency를 증대시키기 위해서는 서로의 size를 맞춰야 하며 이때 molar ratio가 중요하게 작용한다. 일반적으로는 1:3의 비율로 진행하지만, insert의 사이즈에 따라 1:1, 1:20 또는 1:20의 비율로 ligation 하기도 한다. Vector는 일반적으론 27 femto mole의 농도로 진행하며, 이때 넣어줘야 하는 insert와 vector의 양을 계산해 준다.

27 femtomole (fmole) of vector is recommended

Recommended:

-1 : 3 vector : insert molar ratio

-1 : 1 vector : insert → if vector and insert are similar in size

-Increase molar ratio with small inserts

- -1:10 → if insert size is < 100bp
- -1:20 → if insert size is ~ 24bp

9.5-B Vector와 insert molar ratio

실험 목표

Vector DNA와 insert DNA를 ligase를 이용해 연결하여 형질전환의 재료를 만든다.

실험기구 및 재료

Vector DNA, Insert DNA, ligation buffer, DNA ligase, distilled water, 멸균된 microtube

Simple Protocol

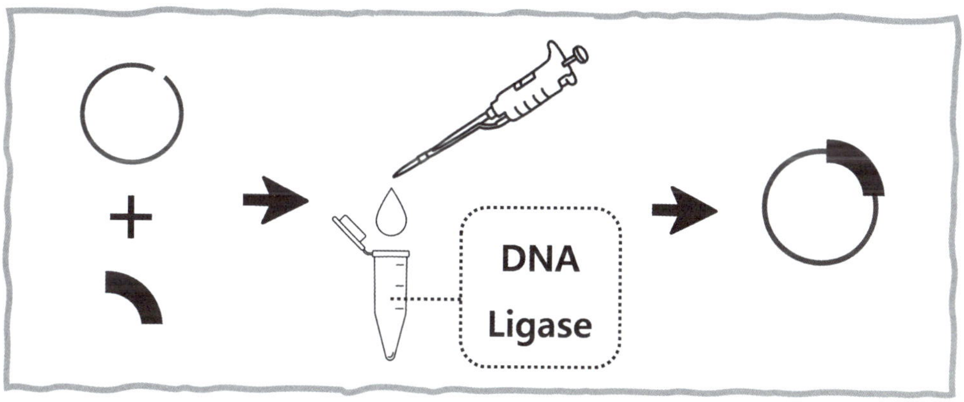

Protocol

1) 실험에 사용할 vector와 insert를 준비한다. 물론 vector와 insert는 끝이 같은 모양을 하고 있어야 한다. 즉 같은 제한효소에 의해 절단되어 같은 조각을 이루고 있어야 한다.
2) Vector와 insert의 몰 비를 계산하여 알맞은 비율로 microtube에 loading 한다.
   - 일반적으로 vector의 크기 1kb당 50~100ng의 양이면 vector의 양은 충분하며 insert는 크기에 따라 vector와 몰 비를 고려하여 혼합한다. 몰 비는 실험자에 따라서 1 : 1(equimolar)에서 1 : 4까지도 쓰며 특수한 경우에는 insert를 더 많이 넣기도 한다.
3) Distilled water, 10x ligation buffer와 T4 DNA ligase를 넣어준다.
4) Sticky end의 경우, 16℃에서 12시간 또는 room temperature에서 10분 반응시킨다.

5) 65°C에서 10분간 heat inactivation.

6) Ligation 반응이 끝나면 4°C에 보관하였다가 박테리아의 형질전환 또는 다른 목적에 이용한다.

실험 시 주의사항

- Mixture를 만들 때 enzyme은 가장 나중에 넣는다.

참고자료와 서적(Reference)

1. 노현주 외, 손을 잡고 가르쳐주는 DNA 클로닝 4판, 라이프사이언스, 2022, page 1~159
2. https : //www.addgene.org/protocols/dna-ligation/ (그림 9.5-A)
3. https : //www.neb.com/en/tools-and-resources/video-library/nebiocalculator-using-the-ligation-module (그림 9.5-B)

실험 보고서

1. 실험날짜 :
2. 실험 목적 :
3. 실험기구 및 재료 :
4. 실험 과정 :
5. 실험 결과 및 고찰 :

→ Vector : Insert 비율을 어떻게 정하였나? 그렇게 정한 이유는 무엇인가?

→ Ligation 된 sample을 전기영동으로 확인해 보자.

→ 전기영동의 결과 band의 size 및 밝기는 어떠한가? Extraction 때 전기영동 결과와 다른 점은 무엇이고 그 이유는 무엇인가?

➡ 나의 의견

➡ 더 공부할 것

9 - 6

Transformation

목적

1. 형질전환 실험을 통하여 그 원리와 competent cell에 대하여 알아본다.

개요 및 원리

1. Transformation(형질전환)

DNA를 박테리아 세포 내로 주입하는 과정. 외부로부터 주어진 DNA에 의하여 생물의 유전적인 성질이 변한다. 1928년 영국의 F. 그리피스가 폐렴쌍구균을 이용하여 실시한 실험을 계기로 발전하게 되었다. 그 밖에 파리이질균, 인플루엔자균, 뇌척수막염균, 대장균 등의 박테리아에서도 발견되었다. Transformation을 일으키는데 필요한 DNA의 최소량은 약 10만분의 1mol 정도이며 DNA의 single strand를 주는 것보다 double strand를 주는 쪽이 형질전환 시키기 쉽다. 또한 transformation 실험에 의해 유전자의 본체가 DNA라는 것도 밝혀졌다.

2. Competent cell

E.coli를 포함한 대부분의 박테리아는 일반적인 환경에서 극히 제한된 양의 DNA만을 받아들인다. 이러한 종류를 효과적으로 transformation 하기 위해 박테리아는 DNA를 받아들이는 능력을 향상시키는 물리적, 화학적 형태의 처리가 필요하다. 정상의 박테리아 cell에 처리를 가하여 외부의 DNA가 잘 들어갈 수 있도록 만든 cell이 competent cell이다. 화학 처리에 이용되는 시약에는 calcium chloride, manganase chloride, hexaminecobalt chloride, dimethyl sulfoxide(DMSO)와 같이 여러 가지가 있는데 calcium chloride가 가장 많이 쓰인다.

3. 형질전환의 원리

E.coli cell이 DNA를 uptake 할 수 있는 상태(competent)로 만들어주기 위해 E.coli cell을 multivalent ion의 존재 하에 0℃에서 incubation 한다. 이때, cation은 E.coli cell membrane에 존재하는 lipid의 negatively charged phosphate와 complex를 이룰 것으로 추정된다. 낮은 온도는 cell membrane을 응고시켜 charged phosphate의 분포를 안정화하여 cation에 의하여 효과적으로 shield 되게 하여 준다. 이때, 37~42℃로 heat shock을 가하면 E.coli membrane 내외의 thermal imbalance가 생겨 DNA가 세포 안으로 빨려 들어가게 된다. 이외에 electroporation 에 의한 transformation으로 electric charge를 E.coli에 순간적으로 가하여 이때 생긴 pore를 통해 DNA를 세포 안으로 넣는 방법이 있다. host cell로 들어간 DNA는 ampicillin 내성 유전자가 포함된 plasmid를 사용하여 ampicillin이 포함된 배지에서 선별해서 확인한다.

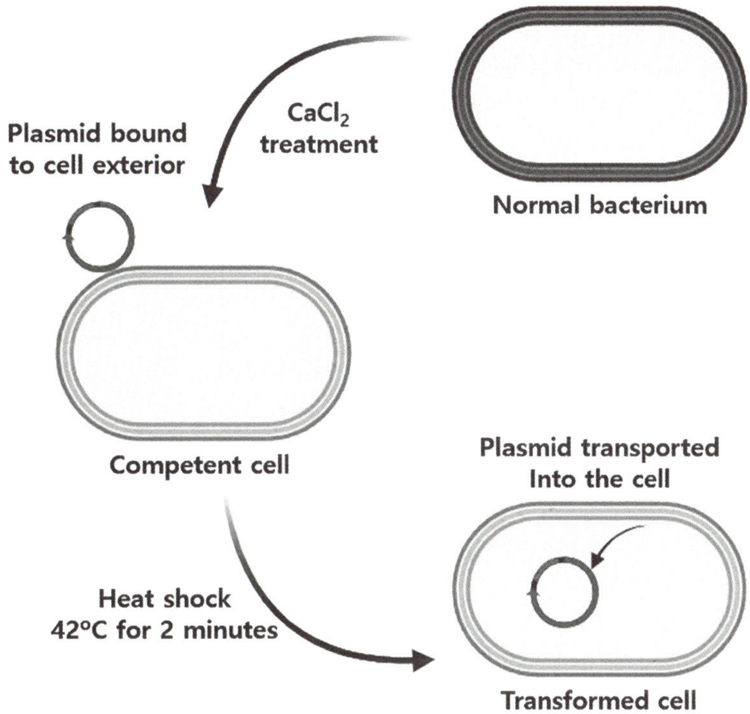

9.6-A Transformation

4. LacZ selection

LacZ operon은 박테리아에서 시행되는 유전자 발현조절 기구이며 E.coli가 lactose를 galactose와 glucose로 분해하는데 필요한 효소인 β-galactosidase를 만드는 유전자이다. Lactose가 없을 때는 불필요한 유전자인 β-galactosidase가 생성되지 않는데 그것은 앞쪽에 있는 inhibitor region에서 생성된 inhibitor가 promoter region의 operator region에 결합하여 RNA polymerase가 활동하는 것을 방해하여 β-galactosidase가 생성되지 않도록 하기 때문이다. 그러나 lactose가 배지에 있으면 이 물질이 inhibitor와 결합하여 operator에서 떼어낸다. 따라서 RNA polymerase가 잘 작용하여 mRNA를 만들고 β-galactosidase를 만들면서 lactose를 분해한다. 그 후 lactose가 다 분해되면 inhibitor가 다시 붙어 유전자는 turn off 된다.

이런 유전자 조절 기구를 실험에 이용하고자 한 것이 lacZ이다. 이 부분을 plasmid

에 삽입해 놓게 되는데 이때 lacZ operon이 동작하는지 확인하기 위해 IPTG와 X-gal 이라는 두 가지 물질을 이용한다. IPTG는 lacZ gene inducer 역할을 하며 lactose 대신 inhibitor와 결합하지만 분해되지 않고 X-gal은 lactose 대신 β-galactosidase에 의해 대사되는 물질로 원래 무색이지만 β-galactosidase에 의해 대사되면 푸른색을 띤다. 따라서 lacZ의 MCS에 DNA가 재조합되지 않은 박테리아의 colony는 lacZ가 제 기능을 발휘하여 X-gal을 대사시키므로 푸른색이 되고 DNA가 재조합된 박테리아의 colony는 lacZ가 망가져서 기능하지 않아 X-gal이 그대로 남아 있어 흰색 colony가 된다. 이렇게 색의 차이로 DNA가 plasmid에 들어가서 세포 내에서 증폭되어 기능하는지 알 수 있다.

Plasmid에 들어 있는 lacZ는 lac operon의 일부로 lac operon은 너무 커서 plasmid에 다 넣으면 사용할 수 없다. 그래서 plasmid에서 작은 부분을 만들고 E.coli에서 나머지 부분을 만들어 보완하면 완전한 β-galactosidase 기능을 할 수 있게 된다. 이를 alpha complementation이라 한다. 사실 E.coli는 원래 β-galactosidase를 만들 수 있는 유전자를 가진 미생물이며 따라서 정상적인 균이라면 plasmid가 들어가지 않아도 푸른색 colony를 형성하게 된다. 그래서 실험실에서 사용하는 균주는 대부분 lac operon이 망가진 omega fragment만 만드는 mutant를 사용한다.

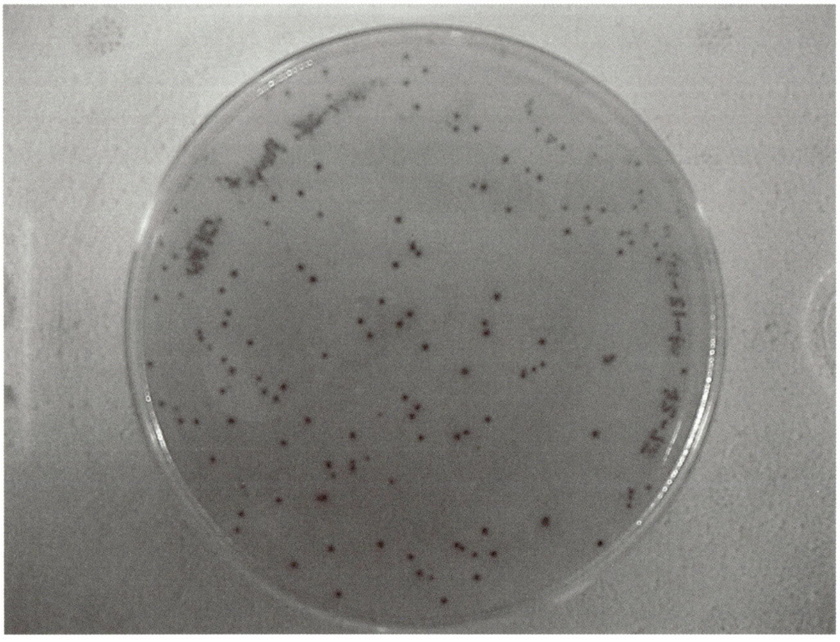

9.6-B LacZ selection

5. Blue-White Screening의 한계

Lac operon system을 이용한 Blue-white screening에는 한계가 있다. 흰색 콜로니를 형성한 것이 무조건 클로닝의 성공을 의미하지는 않는다. Blue-white screening은 색상에 의한 시각적 식별만 가능할 뿐, 선택 기법은 아니다. LacZ 유전자는 재조합체를 생성하는 데 사용된 벡터에 있을 수 있으며 때때로 비기능적일 수 있고 β-galactosidase를 생성하지 않을 수 있다. 결과적으로 이러한 세포들은 X-gal을 파란 물질로 변환할 수 없으므로 플레이트 상에 보이는 흰색 콜로니는 재조합체가 아닐 수 있고 단지 background vector일 수 있다. 흰색 콜로니 몇 개는 원하는 재조합체를 포함하지 않을 수 있으며, 작은 염기서열의 외래 DNA가 MCS에 삽입되어 lacZ의 리딩 프레임을 변경할 가능성도 있다. 이 경우 거짓 양성 백색 콜로니를 만들게 된다. lacZ의 판독 프레임 내에 작은 삽입 개체가 있으면 β-galactosidase 활성이 부분적으로 억제되어 불분명한 청색 콜로니를 생성할 수 있다.

실험 목표

LacZ selection을 통해 형질전환 실험의 결과를 확인한다.

실험기구 및 재료

Biosafety cabinet, 알코올램프, shaking incubator, incubator, 삼각봉, micro pipette, water bath, ice, micro centrifuge, LB 평판 배지, LB 액체 배지, competent cell, plasmid DNA, X-gal, IPTG

Simple Protocol

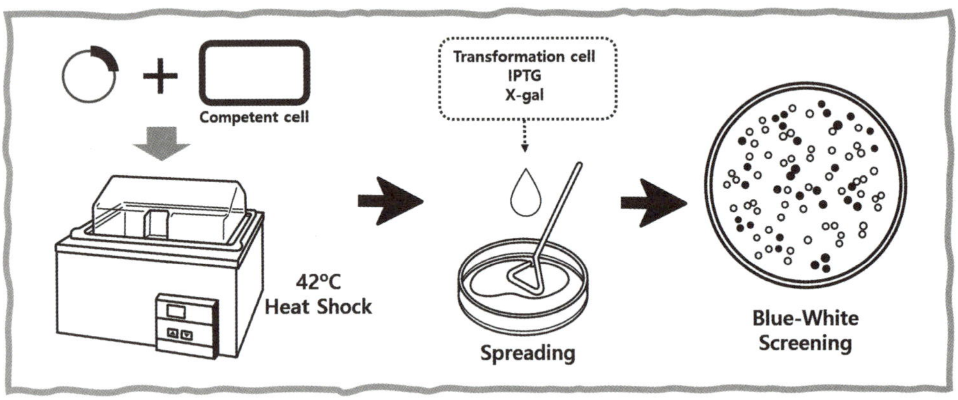

Protocol

1) Competent cell을 ice에서 서서히 녹인다.
2) Plasmid DNA를 competent cell에 넣고 tapping.
3) Ice에 30분간 놓아둔다. 그동안 water bath는 42℃로 맞추고 액체 배지는 pre-warm 시켜둔다.
4) Water bath에서 1분 30초 동안 heat shock을 준다.
5) Ice에 2분간 둔다.
6) 액체 배지 900㎕를 첨가하여 37℃ shaking incubator에서 한 시간 키운다.
7) 그동안 평판배지를 pre-warm 시켜 X-gal 40㎕와 IPTG 40㎕를 도말한다.

8) Shaking incubator에서 다 키운 cell은 15초간 spin down 시킨다.

9) 상층액 900㎕는 버리고 남은 100㎕로 pipetting하여 cell을 풀어준다.

10) X-gal과 IPTG를 도말해둔 평판 배지에 cell을 smearing하고 12~14시간 37℃ incubator에서 키운다.

실험 시 주의사항

- 각 step에서 주어진 시간을 반드시 지킨다.
- X-gal과 IPTG는 20㎎/㎖ 농도의 것을 사용한다.
- 삽입하는 plasmid DNA는 competent cell의 총 volume의 1/10을 넘지 않도록 한다.
- Smearing 할 때는 골고루 충분히 해 준다.

참고자료와 서적(Reference)

1. 노현주 외, 손을 잡고 가르쳐주는 DNA 클로닝 4판, 라이프사이언스, 2022, page 1~159
2. http://biochemistry.yonsei.ac.kr/biochem_molecular/gene_cloning_17.php (그림 9.6-A)
3. Padmanabhan, Sriram, Sampali Banerjee, and Naganath Mandi. "Screening of bacterial recombinants: strategies and preventing false positives." Molecular Cloning-Selected Applications in Medicine and Biology (2011): p1-19.

실험 보고서

1. 실험날짜 :
2. 실험 목적 :
3. 실험기구 및 재료 :
4. 실험 과정 :
5. 실험 결과 및 고찰 :

→ Colony는 잘 떴는가? blue/white colony를 뚜렷이 구분할 수 있는가? 사진으로 확인하라.

→ Competent cell을 만들 때 CaCl을 넣는 이유는 무엇인가?

→ X-gal과 IPTG는 무엇인가?

→ Lac operon의 원리를 간단히 하면? (간단한 그림으로 나타내어라.)

→ Blue-white screening은 한계를 가지고 있다. 그렇다면 실험자의 클로닝이 성공했다는 정확한 확인을 위해서는 어떤 실험들이 추가될 수 있는가?

→ 나의 의견

→ 더 공부할 것

9 - 7

DNA Sequencing

목적

1. DNA sequencing 방식들에 대해 파악하고, sequencing 결과를 해석하는 방법에 대해 알아본다.

개요 및 원리

1. DNA sequencing

DNA의 염기서열을 결정하는 과정으로, DNA 염기서열 분석법이라고도 한다. 말 그대로 DNA 조각의 뉴클레오타이드의 정확한 순서를 읽는 데 사용되는 기술이며, 작은 DNA 조각, 전체 유전자, 또는 유전체의 염기서열을 분석할 수 있다. 이 기법은 생물학적 연구와 의학 진단, 법생물학 그리고 바이러스학 등 다양한 응용 분야에서 쓰이고 있다.

1977년도에 Alan Maxam과 Walter Gilbert에 의해 개발된 Maxam Gilbert Sequencing 방식은 DNA의 5'말단에 ^{32}P로 표지하고 열을 가해 단일 가닥으로 분리하고, 각 가닥에 4가지 염기에 특이적으로 작용하는 특정 시약을 처리한다. 각 단편을 폴리아크릴아마이드 겔로 전기영동 후, 자가 방사선 기법으로 엑스선 필름에 감광하여 단편들의 크기에 따라 순서가 정해지는 것으로 확인해 DNA 분자의 염기서열을 유추하는 방식이다.

현재의 많은 시퀀싱 방법의 토대가 된 방식으로, Sanger Sequencing 방식도 1977년도에 개발된 방식이다. DNA 복제 과정 중 dideoxynucleotide가 병합되면 합성 종결이 일어나는 점에 착안해 개발된 방식이다. Sanger Sequencing 방식은 DNA template, primer, dNTPs(deoxynucleosidetriphosphates), ddNTPs(dideoxynucleotidetriphosphates), DNA polymerase를 반응시킨다. 이때, ddNTPs에 의해 DNA 사슬이 신장되지 않고 반응이 종결된다. 이 ddNTPs에 방사성 동위원소 ^{32}P나 형광물질을 표지하면 전기영동 후 필름에 감광해 분석 또는 시퀀싱 기계로 염기서열 판독이 가능하다. Sanger Sequencing 방식은 1세대 염기서열 분석법으로 널리 받아들여졌으며, 한 번에 하나의 시퀀싱 반응만 분석할 수 있어 처리량이 제한적이다.

2004년과 2006년 사이 Next-Generation Sequencing(NGS) 기술이 도입되었으며 이는 시퀀싱 데이터 출력의 극적인 증가를 가져왔다. NGS 기술은 단일 DNA 분자의 "short-read" 기술로 대규모 병렬 시퀀싱을 허용하는 나노기술 원리 덕분에 가능했다. 이러한 기술을 2세대 시퀀싱 방식이라고 한다. 이러한 방식은 데이터 출력은 향상했지만, 긴 스트레치의 DNA는 재조합되어야 하므로 구조적 변화 또는 낮은 복잡성 영역에는 한계가 있었다.

Pacific Biosciences 또는 Oxford Nanopore 기술 플랫폼들은 같은 3세대 시퀀싱은 Sanger 또는 short-read 시퀀싱 기술을 훨씬 뛰어넘는 10kb 이상의 읽기 길이를 달성할 수 있었으며, "long-read" 기술은 유전체 전체 반복 및 구조적 변이 탐지와 같은 짧은 읽기에서 발생하는 문제를 극복할 수 있다.

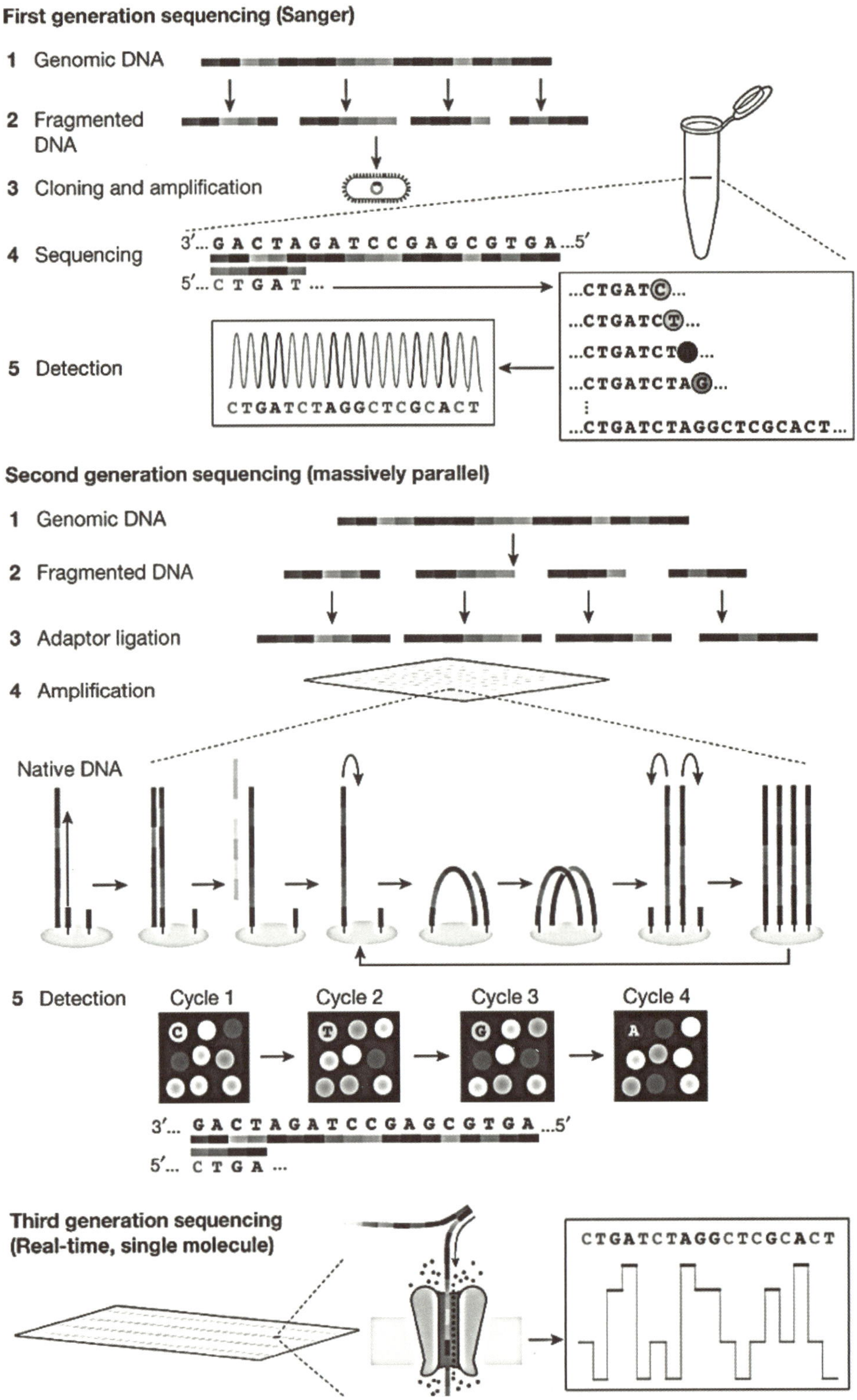

9.7-A DNA sequencing 방식의 발전 (1세대, 2세대, 3세대)

실험 목표

주어진 DNA sequencing 결과표를 보고 해석해 본다.

실험기구 및 재료

DNA sequencing 결과표

Simple Protocol

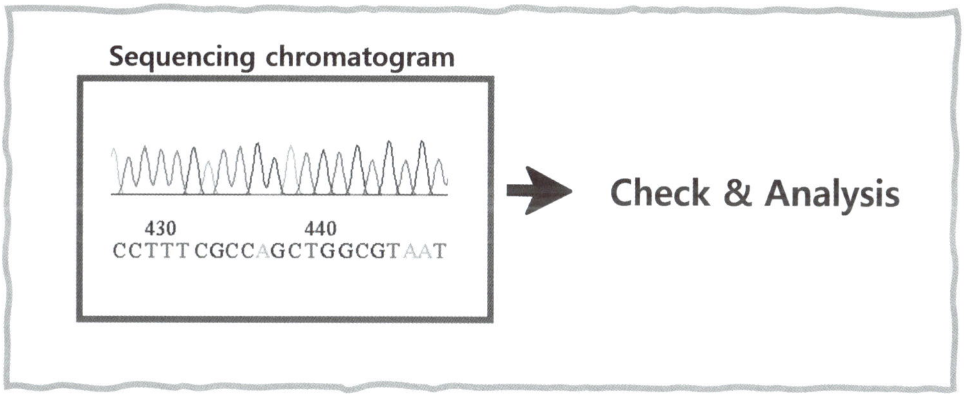

참고자료와 서적(Reference)

1. Shendure, Jay, et al. "DNA sequencing at 40 : past, present and future." Nature 550.7676 (2017) : 345–353. (그림 9.7–A)
2. Pareek, Chandra Shekhar, Rafal Smoczynski, and Andrzej Tretyn. "Sequencing technologies and genome sequencing." Journal of applied genetics 52 (2011) : 413–435.
3. Metzker, Michael L. "Sequencing technologies—the next generation." Nature reviews genetics 11.1 (2010) : 31–46.

실험 보고서

1. 실험날짜 :
2. 실험 목적 :
3. 실험기구 및 재료 :
4. 실험 과정 :
5. 실험 결과 및 고찰 :

→ 시퀀싱 크로마토그램상 시퀀싱이 제대로 이루어진 부분과 아닌 부분을 구분해 보고 그 이유에 대해 작성하라.

→ 시퀀싱에 사용한 primer는 무엇이며, 어떤 목적으로 사용하였는가?

→ 시퀀싱 데이터에서 원하는 부분이 잘 읽혔는지 어떤 방식으로 확인할 수 있는가?

→ 시퀀싱 방법이 응용되고 있는 분야에 대해 알아보아라.

→ 나의 의견

→ 더 공부할 것

SI 단위, 단위에 사용하는 접두사

SI base units

Physical quantity	Name of SI unit	Symbol for SI unit
Length	meter	m
Mass	kilogram	kg
Time	second	s
Electric current	ampere	A
Thermodynamic temperature	kelvin	K
Amount of substance	mole	mol
Luminous intensity	candela	cd

SI prefixes

Multiple	Prefix	Symbol
10^{-1}	deci	d
10^{-2}	centi	c
10^{-3}	milli	m
10^{-6}	micro	μ
10^{-9}	nano	n
10^{-12}	pico	p
10^{-15}	femto	f
10^{-18}	atto	a
10^{-21}	zepto	z
10^{-24}	yocto	y

Multiple	Prefix	Symbol
10	deca	da
10^{2}	hecto	h
10^{3}	kilo	k
10^{6}	mega	M
10^{9}	giga	G
10^{12}	tera	T
10^{15}	peta	P
10^{18}	exa	E
10^{21}	zetta	Z
10^{24}	yotta	Y

Memo

Memo

일반생물학실험 [3판]

한양대학교 ERICA 첨단융합대학 바이오융합신약학부 분자의약전공 교재집필위원회 편

펴낸날 2009년 2월 15일 초판 1쇄 ● 2024년 12월 31일 3판 1쇄 ● 2025년 8월 30일 3판 2쇄
펴낸이 이기정 ● **펴낸곳** 한양대학교출판부 ● **출판등록** 제4-7호(1972.2.29)
주소 서울 성동구 왕십리로 222 ● **전화** 02.2220.1432-4 ● **팩스** 02.2220.1435
홈페이지 press.hanyang.ac.kr ● **이메일** presshy@hanyang.ac.kr
표지 안광일 ● **본문디자인·편집** 김민지 ● **인쇄** 네오프린텍

값 15,000원

ISBN 978.89.7218.816.2 (93470)